U0257075

中国生态文明理论与实践研究丛书

环境与经济关系研究（2022～2023）

Research on
the Relationship between
Environment and
Economy（2022-2023）

韩文亚　黄德生　等／著

社会科学文献出版社
SOCIAL SCIENCES ACADEMIC PRESS (CHINA)

前　言

作为学习贯彻落实习近平生态文明思想的系列丛书之一，本书以习近平生态文明思想为指导，围绕推进生态环境高水平保护和经济高质量发展协同并进目标，开展环境经济政策研究，具体包括环境经济协调指数、环境经济政策双向影响评估、行业环境经济政策、区域环境经济政策和碳排放权交易市场建设五章内容。

第一章通过构建环境经济协调指数，开展全国、省级环境经济协调指数变化趋势分析和相关影响因子贡献度研究，研判宏观发展形势。其由韩文亚、刘智超、王宇编写。

第二章从强化政策出台事前评估的视角，总结国内外开展生态环境政策的社会经济影响评估和经济、技术政策的生态环境影响分析的经验，比较分析技术方法及其适用性，提出政策评估未来发展的思路和对策。其由黄德生、尚浩冉、刘智超、王宇编写。

第三章从促进行业高质量发展的视角，选择钢铁、新能源汽车、污水处理三个行业，分析环境经济政策如何促进行业绿色发展，识别存在问题，提出相应的政策优化建议。其由尚浩冉、陈煌、文秋霞、雷健、刘智超编写。

第四章从推动区域绿色发展的视角，系统梳理近年来出台的有助于推动区域绿色发展的环境经济政策，总结京津冀、长江经济带、粤港澳大湾区、长三角、黄河流域等区域的绿色发展成就，提出加快推进生态产品价值实现等环境经济政策建议。其由郭林青、雷健编写。

第五章基于碳排放权交易市场建设，总结分析我国相关领域的理论发展、制度建设、实践进展等情况，研究提出我国制度创新有关方向和建议。其由朱磊编写。

本书由韩文亚、黄德生、雷健统稿。

本书得以编辑出版，很多人为此付出了大量辛勤劳动。相关章节资料收集工作得到了生态环境部综合司、气候司和环评司的指导，得到了河北省生态环境厅、安徽省生态环境厅、江西省生态环境厅、湖北省生态环境厅、广东省生态环境厅、重庆市生态环境局、贵州省生态环境厅、中国国际金融股份有限公司、长江生态环保集团有限公司、中国汽车工业协会、能源基金会、美国环保协会等部门和机构的大力支持。本书的出版得到了习近平生态文明思想研究中心专项经费资助，政研中心钱勇主任、田春秀副主任、胡军副书记、俞海副主任对本书的编写给予了大力支持。社会科学文献出版社胡庆英编辑在出版过程中给予了鼎力帮助。在此一并表示衷心感谢！感谢所有提供帮助的单位和个人！

当然，我们深知，这些研究还很初步，存在不足，恳请读者批评指正！

目　录

第一章　环境经济协调指数

环境与经济之间的关系错综复杂，特别是我国经济发展以及生态环境保护不平衡不充分问题仍然存在，部分地区不可避免陷入地方财力不足或生态环境质量欠佳困境。准确刻画我国现阶段环境与经济的协调关系，有助于找到生态环境政策的发力点，助力推动生态优先、绿色低碳高质量发展。

第一节　文献综述

诸多学者对环境经济协调关系指标设计和量化分析进行了研究。在指标选择方面，李茜等（2015）研究建立了包含环境保护、经济发展与社会进步等12个要素64个指标因子在内的生态文明综合评价体系，分析了中国生态文明建设和协调发展的时空演化规律；孙黄平等（2017）分别从生态环境的压力、状态、响应等维度，刻画了泛长三角地区城镇化和生态环境耦合关系的空间特征；姚鹏和叶振宇（2019）对能源消耗、碳排放、污染治理、资源利用、生态建设等影响区域协调发展的 31 个指标进行了加权计算，对区域协调发展的效果进行了综合评估。在量化评估方面，崔木花（2015）、李雪松等（2019）运用耦合协调指数，对全国或区域层面的经济发展与生态环境保护的交互关系进行了规律性分析。另有部分学者，从非线性拟合（乔标、方创琳，2005）、功效函数与协调度函数（刘耀彬、宋学锋，2005）等角度对环境系统、经济系统各要素相互作用、相互制约，使环境系统与经济系统由低级协调共生向高级协调发展的过程进行了研究。

虽然学界对环境经济协调关系进行了大量探索和研究，但指标体系设计或依靠个人经验，或追求面面俱到，研究多采用耦合加权计算方法，无法准确揭示环境经济长期变动趋势，也掩盖了短期指标波动可能对协调关系产生的当期与潜在影响，并且加权计算也抹平了不同环境要素间的差异，不利于环境经济关系的规律性、机制性分析。

本书在综合上述研究的基础上，通过构建环境经济协调指数，分析研判环境经济关系，提出政策建议，为协同推进经济社会高质量发展与生态环境高水平保护提供参考和借鉴。

第二节　环境经济协调指数框架设计

本小节构建反映环境经济协调关系且适用国家、地方不同层级的大气环境-经济综合协调指数和水环境-经济综合协调指数，以期分析环境经济关系的长期变动趋势、短期波动及区域差异特征。

一　协调指数设计原则和框架体系

（一）指标选取

基于"良好生态环境是最普惠的民生福祉""让发展更加平衡，让发展机会更加均等、发展成果人人共享"的原则，同时考虑指标的综合性、数据的可获取性以及历史可比性，基于生态环境部公开发布数据，选取优良天数比例、重污染天气比例作为大气环境质量指标，优良水体比例、劣V类水体比例作为水环境质量指标，基于国家统计局发布数据，采用人均GDP作为经济发展指标。后续可以考虑选取固体废物和土壤污染治理、应对气候变化、生态保护修复等领域指标，拓展环境经济协调关系研究。

（二）指标得分计算

以社会主义现代化强国建设目标或发达国家相关标准为满分值（指标得分为1.0），以2015年全国平均水平为合格值（指标得分为0.6），采用自然指数计算方法，对12个月滑动平均后的指标数据进行标准化处理，越接近满分值，指标得分增长越快。具体公式为：

$$C_{i,t} = \begin{cases} e^{\frac{x_{i,t}-T}{2(T-A)}}, & x_{i,t} \text{ 低于 } T \\ 1, & x_{i,t} \text{ 高于 } T \end{cases} \quad (1-1)$$

其中，$x_{i,t}$ 表示第 i 个指标在第 t 月的统计值，T 表示该指标的目标值，A 表示该指标的合格值，$C_{i,t}$ 表示第 i 个指标在第 t 月的标准化值，区间范围为（0，1]。

　　处理过程具有明显优势：一是不需要区分正向指标、负向指标，便于使用推广；二是初始数据为合格值时，处理后数值约等于 0.6，符合统计与逻辑规范；三是初始数据越趋近于满分值，处理后数值越趋近于1.0，体现出协调指数鼓励先进、鞭策落后的价值取向。

（三）子系统指数计算

　　环境子系统内部权重的设定参考了木桶理论中的短板效应，即某项平行指标分值越小，其权重越大，加权后可分别得到大气环境指数、水环境指数、经济发展指数。具体公式为：

$$\alpha_{i,t} = \frac{1}{C_{i,t} \cdot \sum \dfrac{1}{C_{i,t}}} \tag{1-2}$$

$$Index_{i,t} = \sum \alpha_{i,t} \cdot C_{i,t} \tag{1-3}$$

　　其中，$\alpha_{i,t}$ 表示系统内部指标权重，$Index_{i,t}$ 表示大气环境指数、水环境指数，经济发展指数只有一个指标，不需要加权，由式（1-1）计算得出。系统内部各指标权重之和为 1，加权后指数仍符合前文 0.6 合格、1.0 满分的逻辑规范，同时具备单调递增特征，也具有促进各指标协同发展的价值取向。

二　环境经济协调指数计算方法

（一）指数协调度

　　以指数当期数值及其与 $Y = X$ 偏离程度的几何平均结果，综合衡量环境经济指数协调度。具体公式为：

$$指数协调度 = \left\{ \left[\frac{\min(Index_{环境}, Index_{经济})}{Index_{环境} + Index_{经济}} + 0.5 \right] \cdot \frac{\sqrt{Index_{环境}^2 + Index_{经济}^2}}{\sqrt{2}} \right\}^{1/2}$$

$$(1-4)$$

（二）变动协调度

首先，由于环境指数、经济指数均为 0~1 的小数，为便于计算，在不影响变动方向的前提下，放大环境、经济的变动特征。具体公式为：

$$\Delta Index' = \begin{cases} \sqrt{\Delta Index \cdot Index}, \Delta Index \geqslant 0 \\ \dfrac{\Delta Index}{Index}, \Delta Index < 0 \end{cases}$$

$$(1-5)$$

其次，以指数的同比变化（环境指数同比变动记为 Δa、经济指数同比变动记为 Δb）、与 $Y = -X$ 的偏离程度的几何平均结果，综合衡量环境经济的变动协调度。具体公式为：

$$变动协调度 = \begin{cases} \left\{ \left[\dfrac{\min(\Delta a, \Delta b)}{\Delta a + \Delta b} + 0.5 \right] \cdot \sqrt{\Delta a^2 + \Delta b^2} \right\}^{1/2}, \Delta a \geqslant 0 \text{且} \Delta b \geqslant 0 \\[3mm] \left\{ \left[\dfrac{\max(\Delta a, \Delta b)}{|\Delta a - \Delta b|} - 0.5 \right] \cdot \sqrt{\Delta a^2 + \Delta b^2} \right\}^{1/2}, \Delta a \cdot \Delta b < 0 \text{且正} > |\text{负}| \\[3mm] -1 \times \left\{ \left[0.5 - \dfrac{\max(\Delta a, \Delta b)}{|\Delta a - \Delta b|} \right] \cdot \sqrt{\Delta a^2 + \Delta b^2} \right\}^{1/2}, \Delta a \cdot \Delta b < 0 \text{且正} < |\text{负}| \\[3mm] -1 \times \left\{ \left[\dfrac{\min(\Delta a, \Delta b)}{\Delta a + \Delta b} + 0.5 \right] \cdot \sqrt{\Delta a^2 + \Delta b^2} \right\}^{1/2}, \Delta a < 0 \text{且} \Delta b < 0 \end{cases}$$

$$(1-6)$$

　　由变动特征看，第一象限是理想状态下的环境经济变动协调度，第二、第四象限中 $Y = -X$ 直线上方的部分是可接受的环境经济变动协调度，$Y = -X$ 直线下方是不可接受的环境经济变动协调度（见图1-1）。

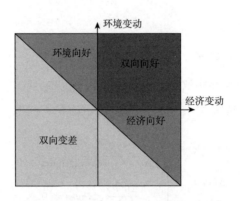

图1-1　环境变动特征、经济变动特征

（三）综合协调度

　　在前文计算的基础上，综合指数协调度、变动协调度特征，加权形成环境经济关系综合协调指数。

$$综合协调指数 = 指数协调度^2 + (1-指数协调度) \times 变动协调度 \qquad (1-7)$$

　　按照区间划分，[0.9，1]为高度协调，[0.8，0.9)为中度协调，[0.6，0.8)为低度协调，[0，0.6)为不协调。

　　在变动协调度忽略不计的情况下，环境指数、经济指数大致处于(0.85，1.0)坐标所在曲线（$f = 0.9$）以上时，综合协调指数大于0.9，将［0.9，1］设为高度协调区域；环境指数、经济指数大致处于（0.7，1.0）坐标所在曲线（$f=0.8$）以上时，综合协调指数大于0.8，将［0.8，0.9）设为中度协调区域；环境指数、经济指数大致处于（0.4，1.0）坐标所在曲线（$f=0.6$）以上时，综合协调指数大于0.6，将［0.6，0.8）设为低度协调区域；综合协调指数小于0.6，则设为不协调区域（见图1-2）。

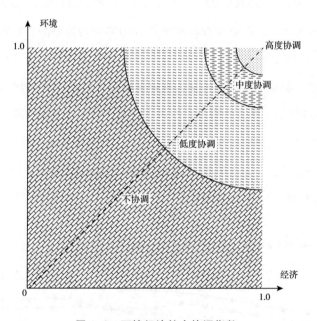

图 1-2　环境经济综合协调指数

第三节　环境经济协调关系研判

本小节选取了2019年第4季度至2023年第1季度环境质量与经济数据，基于环境经济协调指数开展研究分析，结果表明，环境经济关系长期趋势同步向好，综合协调指数从低度协调区上升至中度协调区，部分省份达到或接近高度协调区。

一 全国层面长期趋势和短期波动

（一）环境经济存在同步向好的长期趋势

近年来，生态环境质量明显好转，在污染防治攻坚战阶段性目标圆满完成的基础上，以更高标准深入打好污染防治攻坚战，实现了"十四五"良好开局。同期，经济社会发展取得显著成效，绿色低碳转型稳步推进，经济发展水平与发达国家差距持续缩小。对 2019 年第 4 季度至 2023 年第 1 季度的相关数据进行分析，可以看出大气环境、水环境与经济发展总体同步向好。其中，相比大气环境质量，水环境质量受气象条件影响较小，水环境-经济综合协调指数总体稳定上升，略高于大气环境-经济综合协调指数（见图 1-3、图 1-4）。

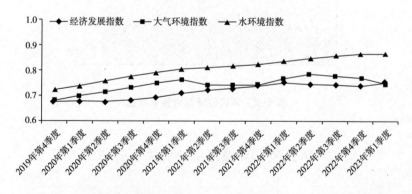

图 1-3　2019 年第 4 季度至 2023 年第 1 季度全国环境指数、经济指数

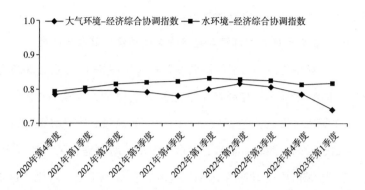

图1-4 2020年第4季度至2023年第1季度全国环境经济综合协调指数

（二）受疫情点多面广频发、夏季高温少雨、国际局势复杂严峻等不利条件影响，2022年第3季度环境经济综合协调指数略有下滑

2019年以来，除了水环境质量持续改善之外，大气环境质量和经济发展遭受多次短期负面冲击。从大气环境质量来看，2021年3月北方地区出现大范围高强度沙尘，2021年夏季罕见高温，2023年污染排放同比增多导致大气环境指数下滑或无明显改善。从经济发展来看，受疫情反复和国际局势影响，2020年前三季度、2021年第3季度、2022年第2季度经济增长明显放缓甚至下行。在上述短期冲击因素叠加作用下，2022年第3季度大气环境-经济综合协调指数、水环境-经济综合协调指数出现双下滑。

二 省级层面环境经济关系总体特征和发展差异

省级大气环境、水环境与经济发展的协调关系持续向好，中度协调、高度协调省份明显增多，截至 2023 年第 1 季度，不协调省份数量基本清零，省份之间差距有所缩小。

（一）重点区域大气环境与经济发展的协调关系改善明显

从大气环境与经济发展的协调关系看（见图 5-1），截至 2023 年第 1 季度，福建大气环境与经济发展达到高度协调，内蒙古、上海、浙江、广东等省区市达到中度协调。山西、内蒙古、吉林、黑龙江、上海、福建、云南、西藏、甘肃、青海、宁夏、新疆等省区市大气环境-经济综合协调指数较 2020 年末明显提升，在实现了生态环境质量稳步改善的同时，区域经济发展的绿色底色愈加鲜明。

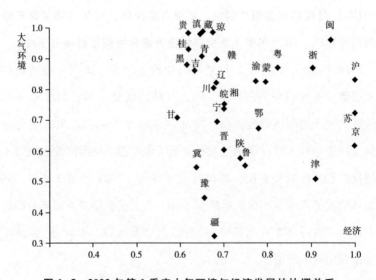

图 1-5　2023 年第 1 季度大气环境与经济发展的协调关系

（二）水环境与经济发展的协调关系保持高位

从水环境与经济发展的协调关系看（见图6-1），北京、上海、江苏、浙江、福建等省市水环境与经济发展达到高度协调，山西、湖北、湖南、广东、重庆、陕西等省市达到中度协调。北京、天津、河北、山西、内蒙古、辽宁、黑龙江、上海、江苏、浙江、安徽、福建、江西、山东、河南、湖北、湖南、广东、广西、海南、四川、贵州、云南、陕西、新疆等省区市水环境-经济综合协调指数较2020年呈增长态势，走出了一条水生态环境保护与经济发展融合共赢之路。

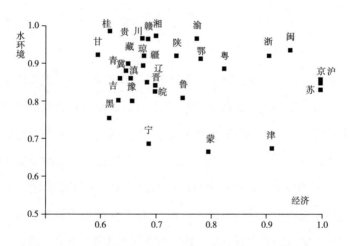

图1-6　2023年第1季度水环境与经济发展的协调关系

第二章　环境经济政策双向影响评估

开展生态环境政策的社会经济影响评估与经济、技术政策的生态环境影响分析（即环境经济政策双向影响评估），是贯彻新发展理念、推进国家环境治理体系和治理能力现代化、提升生态环境政策效能的重要举措。2021年，《中共中央 国务院关于深入打好污染防治攻坚战的意见》首次明确提出"开展重大经济技术政策的生态环境影响分析和重大生态环境政策的社会经济影响评估"，这是开展环境经济政策双向影响评估的主要依据。本章系统论述了生态环境政策的社会经济影响评估和经济、技术政策的生态环境影响分析相关国内外实践经验和主要技术方法，为加强重大决策的科学论证、防范重大环境经济社会风险、协同推进经济高质量发展和生态环境高水平保护提供思路和建议。

第一节　生态环境政策的社会经济影响评估

本章阐述的生态环境政策的社会经济影响评估（以下简称生态环境政策评估），主要是指在重大生态环境政策制修订前开展的综合影响评估，旨在进一步提高生态环境政策制定的科学性、有效性和可操作性，为加强生态环境政策支撑服务构建新发展格局和高质量发展大局提供抓手。党的十九届五中全会通过的《中共中央关于制定国民经济和社会发展第十四个五年规划和二〇三五年远景目标的建议》提出，"健全重大政策事前评估和事后评价制度，畅通参与政策制定的渠道，提高决策科学化、民主化、法治化水平"，对政策评估提出了明确要求，为生态环境政策评估工作指明了方向。生态环境部制定生态环境政策评估相关工作指南，要求新出台重大政策在提交部党组会、部务会、部常务会审议前，应就政策制定的必要性、政策协调性、政策作用对象影响、政策目标效益、政策实施可行性、政策经济社会风险等方面充分开展事前评估，尤其是要对政策的社会经济综合影响进行评估，把握出台时机，得出总体评估结论，作为政策制定的重要参考。

生态环境政策评估是提升生态环境政策效能的重要保障，是落实精准治污、科学治污、依法治污的必然要求。"十四五"时期我国深入打好污染防治攻坚战触及的矛盾和问题层次更深、领域更广，对生态环境质量改善的要求也更高，因此迫切需要建立健全生态环境政策评估机制，对生态环境政策开展系统评估，增强政策统筹协同作用，充分考虑政策的社会经济综合影响，提高政策制定的科学性和政策实施效果，充分发挥政策的作用，推动实现"十四五"生态环保目标。

一　生态环境政策评估的必要性和重要性

（一）生态环境政策评估是推动科学决策的必然要求

党的十九大以来，中央文件多次明确要求建立完善生态环境政策评估机制。2018 年，《中共中央 国务院关于全面加强生态环境保护 坚决打好污染防治攻坚战的意见》明确提出，要"深化生态环境保护体制机制改革，统筹兼顾、系统谋划，强化协调、整合力量"，"提升生态环境治理的系统性、整体性、协同性"。2019 年，中央经济工作会议明确提出，"要树立全面、整体的观念，遵循经济社会发展规律，重大政策出台和调整要进行综合影响评估"。2021 年，《中共中央 国务院关于深入打好污染防治攻坚战的意见》首次明确提出，"开展重大经济技术政策的生态环境影响分析和重大生态环境政策的社会经济影响评估"。开展生态环境政策评估，能够有效提升生态环境政策制定的科学化、规范化和系统化水平。

（二）生态环境政策评估是构建现代环境治理体系的重要举措

生态环境政策评估是完善生态环境政策体系、推动环境治理体系与治理能力现代化的重要措施。《中共中央关于坚持和完善中国特色社会主义制度 推进国家治理体系和治理能力现代化若干重大问题的决定》中明确提出，"健全决策机制，加强重大决策的调查研究、科学论证、风险评估，强化决策执行、评估、监督"。2020 年，中共中央办公厅、国务院办公厅印发《关于构建现代环境治理体系的指导意见》，提出"要以推进环境治理体系和治理能力现代化为目标，建立健全环境治理的领导责任体系、企业责任体系、全民行动体系、监管体系、市场体系、信用体系、法律政策体系，落实各类主体责任，提高市场主体和公众参与的积极性，形成导向清晰、决策科学、执行有力、激励有效、多元参与、良性互动的环境治理体系"。开展生态环境政策评估，有利于准确把握政策方向，辨清实施基础与条件，减少政策实施障碍，是完善生态环境政策体系和构建现代环境治理体系的重要措施。

（三）生态环境政策评估是解决政策不协调、不匹配、不融合等问题的重要手段

党的十八大以来，我国在生态环境政策方面取得积极进展，形成了较完备的生态环境政策体系，但在政策制定实施过程中还存在不协调、不匹配、不融合等问题，影响政策实施效果。其中包括政策制定相对独立、衔接不足，政策变化过快、预期不可控，缺乏不同政策对同一区域或同一主体叠加效果的评估，对企业经济承受力缺乏分析预判，等等。开展生态环境政策评估，有利于在政策出台前充分考虑与已颁布政策的衔接，解决政策变化过快、同质化、相对独立、衔接不足、碎片化甚至相互冲突等问题，有利于与相关部门加强沟通协调，确保政策实施效果。

（四）生态环境政策评估是提升生态环境政策效能的重要保障

《国务院办公厅关于加强行政规范性文件制定和监督管理工作的通知》明确指出，"行政规范性文件必须严格依照法定程序制发，重要的行政规范性文件要严格执行评估论证、公开征求意见、合法性审核、集体审议决定、向社会公开发布等程序"，"认真评估论证。全面论证行政规范性文件制发的必要性、可行性和合理性，是确保行政规范性文件合法有效的重要前提。起草行政规范性文件，要对有关行政措施的预期效果和可能产生的影响进行评估，对该文件是否符合法律法规和国家政策、是否符合社会主义核心价值观、是否符合公平竞争审查要求等进行把关。对专业性、技术性较强的行政规范性文件，要组织相关领域专家进行论证。评估论证结论要在文件起草说明中写明，作为制发文件的重要依据"。当前，我国生态环境政策体系庞大、数量众多、涉及面广、关联性强，迫切需要开展全面深入的综合影响评估。开展生态环境政策评估，有利于提升生态环境政策效能，有利于"十四五"时期更好发挥政策作用，确保政策目标的实现。

二 生态环境政策评估的国内外研究和实践进展

（一）欧盟以政策评估作为政策法规制修订的依据

欧盟在出台新的政策法规和修订政策法规时，为了做出最佳决策，会基于充分的信息和证据，遵循有效性、效率、一致性、相关性和价值增加等五个方面的原则，开展政策评估。有效性主要关注政策是否能达到目的；效率关注政策实施成本是否合理；一致性旨在确保环境政策与其他领域政策、成员国法律规定相协调（若出现冲突则由欧洲法院协调解决）；相关性主要评估政策是否必要、政策实施后是否需要更新、是否有必要修改相关法律等；价值增加是指欧盟政策制定必须有利于增加欧盟的价值、扩大欧盟的影响力。欧盟目前有70多部与环境相关的政策法规，每个政策出台实施5~6年后需开展一次政策评估，每隔6~7年对所有环境法律法规开展运行情况评估，评估报告向社会公开，体现欧盟所做的工作和政策实施的效果。政策法规的修订遵循评估优先原则，政策评估周期一般不少于两年。

欧盟开展政策评估时综合考虑环境、经济、社会三方面影响，对可能产生重大影响的重点领域，建立各司局各部门协调机制并广泛征求意见，以 12 周的公众参与期保证公众充分参与，运用模型方法来评价制定或修订政策可能产生的影响，为政策制定者提供不同政策影响和结果的政策选择。起草政策的部门制定政策时要充分咨询环境部门的意见并附环境影响评价章节，政府权衡所有部门的利益，再决定是否立法实施。政策评估结果作为重要决策参考，直接关系到欧盟修订已有政策法规还是出台新政策法规。

（二）英国政策评估强调评估程序、方法和信息数据的应用

英国财政部发布"绿皮书"（Green Book）和"红皮书"（Magenta Book）作为政策评估指导性文件，针对政策的环境、经济和社会影响，突出强调政策评估程序、方法和信息数据的应用，指导政府相关部门开展政策评估。英国政府在政策评估过程中的一个重要特点是充分考虑备选方案，制定政策时首先明确政策目标，再根据目标设计 4~5 个方案，并对每个方案均开展影响分析。分析结果征求公众意见后，再由部委内部讨论修改完善，最终发布文件，一般政策出台全过程耗时 6 个月。

英国的政策评估主要包括三个方面：一是过程评估，分析政策的实施情况、有效性，是否还需要采取配套的政策措施；二是影响评估，分析政策产生的结果，并研究其中的因果关系和不确定性；三是经济评估，分析政策的成本和效益，对政策影响进行货币化评估，分析政策的经济性是否与预期相符，从中总结经验教训。

在政策事中事后评估方面，英国建立政策实施的监测机制，对风险高、不确定性大、投资大的项目开展详细的跟踪评估。政策制定部门有专门的分析人员，遵循早期介入原则，在政策设计阶段即制订政策评估计划，收集相关基础信息数据并持续监测跟踪，采用实验设计法、准实验设计法等适合的模型方法进行跟踪评估，在政策实施各个阶段选取不同群组进行动态对比分析，评估政策的实施进展和效果，并及时提出相应的调整优化措施。

（三）我国生态环境政策评估在探索实践中快速推进

我国在政策评估领域的研究与实践近年来得到快速发展，在政策评估框架体系构建、工具方法开发应用以及评估结果应用等方面进行了探索和实践。

国内对生态环境政策事前评估和事后评估均开展了不少研究，包括有效性评估和效率评估。有效性评估又包括目标可达性和成本有效性等方面的评估，效率评估重点考虑政策实施效果和成本效益等方面。生态环境政策评估研究主要集中在生态环境政策成本效益与经济分析、生态环境政策实施效果、生态环境政策影响及公平性、生态环境政策满意度等方面。

我国学界开展对不同城市或区域环境政策的评估，专注于微观的地域层面，探讨区域环境政策的影响。综合来看，虽然学者们分析的城市（或区域）、环境政策有所不同，但得出的结果基本一致，即这些环境政策在不同程度上改善了相应城市（或区域）的环境状况，应该在立法保障、评估方法等方面进一步细化，促进这些政策作用的发挥。

三　生态环境政策评估的主要技术方法

生态环境政策评估常用的技术方法主要包括社会调查法、环境经济评估法、数学模拟评估法等。在实际应用中，通常会根据政策评估的目的，针对不同类型不同特点的政策采取适宜方法，或者是综合运用几种方法，在信息和数据的基础上科学分析，采用定性与定量相结合的方法进行评估。以下简要说明专家咨询法、利益相关者分析法、成本-效益分析法、SWOT 分析法等政策评估中操作相对简单且广泛运用的几种方法。

（一）专家咨询法

专家咨询法通过邀请政策相关领域的技术专家、利益相关者和一般公众进行调查，采用研讨会、专题访谈、问卷调查、专家打分等形式进行，广泛应用于生态环境政策评估中。专家咨询法适用于统领性和方向性较强而量化目标不明显的政策初评估，如纲领性文件、指导意见、部门规章等。

专家咨询法的难点在于结果的运用，首先，如何选择具有代表性的专家和利益相关者，在特定情况下选择合适的专家对保证政策评估结果的可靠性尤为重要。其次，专家往往基于各自专业视角和立场对某项政策进行主观判断，而这些判断可能存在冲突，在综合考虑专家观点后得出相对公正可信的结论是关键。

（二）利益相关者分析法

利益相关者分析通常是政策评估中的重要流程，其将利益相关者概念引入政策评估领域，提出了一个环境政策制定和问题思考的新视角和框架。从利益相关者的角度出发评价政策的社会经济影响及合理性，征求被政策影响和影响政策的社会成员的不同意见，通过权衡多方利益，提出各方都满意的政策，最大限度地回应公众诉求，使得政策制定更加科学、民主。

采用该方法开展政策评估时应当对涉及对象进行细分，包括环境政策直接作用群体、环境政策制定者、环境政策执行者、环境政策评估者以及对环境政策感兴趣的个人或团体，如公众媒体、研究环境政策的专家学者等。同时，利益相关者方法也是一种对环境政策或项目进行评估的参与式方法，通过对利益相关者造成的影响及利益相关者对政策产生的反作用进行分析，有效揭示政策可能造成的经济社会风险。因此，可利用利益相关者分析法对生态环境政策开展评估，以采取措施对可能造成负面影响的政策加以调整或补充，排除环境政策执行的障碍，确保环境政策顺利实施。

（三）成本-效益分析法

成本-效益分析法是对政策实施后在经济社会发展和生态环境等方面所产生的费用及效益进行科学分析的评估方法，其目的在于提高环境政策的效率，以寻求在决策上以最小的成本获得最大的收益，或者在不同成本和效益的各种政策方案中进行选择，是科学制定和实施政策不可或缺的环节。常用于影响评价中基于货币或非货币因素的不同替代方案的比较。

成本-效益分析法的基本原理是针对某项政策的目标，提出若干实现该政策目标的方案，运用一定的技术方法，计算出每个政策选项的成本和收益，依据一定的原则进行比较筛选，选出最优的决策方案。成本-效益分析法主要包括以下内容：①从社会的角度界定和估计生态环境政策的预期成本和收益；②在成本收益的计算中，以机会成本界定成本，使用增量成本和收益而不能使用沉没成本；③在净收益的计算中只计算实际经济价值，不包括转移支付，只是在讨论分配问题时，才考虑转移支付；④在计算成本和收益时，必须使用消费者剩余概念，而且必须直接或间接估计支付意愿；⑤市场价格为成本和收益的计算提供了一个"无可估量的起始点"，但在存在市场失灵和价格扭曲的情况下，不得不利用影子价格；⑥一项公共政策是否可以接受，需依据政策成本效益净现值标准决定，不仅要利用实际贴现率，而且要分析对其他各种贴现率的敏感性。

（四）SWOT 分析法

SWOT 分析旨在确定当前情景下的优势和劣势，以及描述政策实施后未来发展的机会和受到的威胁。优势和劣势是内部因素，通常是与其他因素相比较得到，机会和威胁则是外部因素，通常是在考虑趋势和阻碍后得到。

SWOT 分析法最初被用于企业制定集团发展战略和分析竞争对手情况，而后延伸到生态环境政策评估领域，如芬兰的政策评估频繁使用SWOT 分析法，特别是在监测和分析阶段，作为对政策未来设想分析的基础。在政策评估中使用该方法，可以结合情景分析，判断现状与趋势，识别不同政策情景下政策执行的阻碍与威胁，以及政策实施后可能引发的社会经济风险，并构建出 SWOT 分析矩阵辅助决策。

四 生态环境政策评估的展望和建议

（一）研究设定生态环境政策评估总体目标并有序推进

按照"十四五"规划和中央经济工作会议，特别是《中共中央 国务院关于深入打好污染防治攻坚战的意见》对生态环境政策评估提出的部署要求，应进一步明确设定"十四五"政策评估总体目标，通过系统开展和全面规范政策评估，推动建立健全生态环境政策评估长效工作机制，全面提高生态环境政策制定的前瞻性、系统性、科学性和可操作性，完善生态环境政策顶层设计，促进生态环境政策统筹协调，推动形成生态环境政策合力，提升政策有效性，为"十四五"深入打好污染防治攻坚战和建设美丽中国提供强有力的政策支撑和保障。

在"十四五"目标任务要求上，一是更加强调政策制定的协调性和一致性，确保政策与国家决策部署保持一致，与部内或相关部委同类政策相协调；二是加强政策目标的可达性，提高政策制定目标和任务措施的匹配性，保证政策实施效果；三是科学评估政策实施的成本效益，以及对行业、企业、公众等利益相关方的影响；四是研判政策出台时机，积极评估防范政策可能产生的经济、社会风险和国际影响。

（二）突出强调生态环境政策评估基本原则

一是坚持统筹兼顾、系统评估。围绕生态文明建设重点工作和生态环境领域重大改革任务，特别是"十四五"生态环境政策制定方向和任务，统筹谋划生态环境政策评估的重点和方法路径。既着力解决当前最紧迫的问题，又着眼建立长效机制；既考虑生态环境工作的共性特点，又兼顾具体领域的特殊实际。加强政策评估的顶层设计、与宏观政策取向的一致性评估，做好统筹衔接，做好整体布局、系统评估和试点引导。

二是坚持目标导向、科学评估。围绕"十四五"深入打好污染防治攻坚战、改善生态环境质量等核心目标，在重大政策出台之前开展预评估，加强新出台政策与相关政策、不同阶段政策的配合与衔接，确保实现预期政策目标；加强政策实施之后的评估，以政策评估优化调整政策，提高政策的效能，促进完善生态环境政策体系。

三是坚持聚焦重点、分类评估。生态环境政策评估工作聚焦政策的重点和关键措施，抓住政策涉及的主要领域和潜在的主要影响，对新制定政策与已有相关政策开展深入评估。对已有政策按要素类别、作用对象、作用方式、关联强度等进行科学系统分类，对不同性质的政策进行分类管理分类评估，针对政策具体特点和评估内容的侧重点综合应用不同方法进行评估，提高政策评估的针对性和效率。

四是坚持形实并重、规范评估。完善生态环境政策评估的流程、技术规范和保障机制，加强整体把关、综合效果分析、关联影响评估，提高政策制定的科学性和合理性。制定并严格遵循政策评估工作流程规范，围绕政策评估目标和内容，规范政策评估的各个环节，既注重政策评估的形式更注重实际效果，确保政策评估的权威性、科学性和规范性。

（三）加快推进生态环境政策评估重点工作

一是深入推进生态环境政策评估工作指南（以下简称指南）在政策评估中的应用。按照指南相关要求，在制修订重大生态环境政策前开展评估，对新政策的环境、经济、社会影响进行科学综合评估，对新政策与已出台相关政策之间、新政策与其他政策之间可能存在的相互影响进行客观分析，预判政策的实施难点、实施效果和潜在风险，统筹协调各类政策，使其在相关领域和不同时期密切配合，产生正向合力，确保政策制定的统筹协同性和科学有效性。

二是编制生态环境政策评估相关技术规范。按照指南要求，在六项评估内容中优先选择技术性较强、操作复杂性较高的内容（如政策目标效益分析等），编制政策评估技术规范，明确技术方法和具体操作要求，为政策评估提供科学有效、标准化、可操作的技术指导。

三是组建生态环境政策评估专家库。借助系统内外专家的专业优势，按照重点领域、重点地区、重点行业企业分类，兼顾业务方向、专业技术和业内影响力，组建生态环境政策评估专家库并动态补充调整，充分发挥专家的专业领域特长及咨询和技术支持作用。

四是构建完善的生态环境政策体系。开展政策评估理论和技术方法研究，将生态环境政策评估做深做实，在重点行业、重点区域、重点领域形成专业化政策评估技术力量储备。深入地方基层、企业、公众开展调查研究，总结"十三五"生态环境保护工作和污染防治攻坚战中好的做法、经验、模式，深入研究我国生态环境政策的主要短板，分析各地政策制定和执行面临的难点和问题，与时俱进开展生态环境政策前瞻性研究和"十四五"政策跟踪评估，研究面向未来的生态环境政策思路、方向和具体对策建议，构建完善的生态环境政策体系。

（四）建立健全生态环境政策评估工作机制和技术保障

一是建立工作机制。建立生态环境政策评估、审核、审议工作机制。建立利益相关方研究讨论和协商工作机制，广泛吸纳政府、企业和社会公众等不同利益相关方代表，全方位参与政策评估过程并表达各方诉求，提出相关建议，综合采纳政策制定者、专家学者、行业协会、商会、律师协会、企业人员、普通公众等的意见，确保政策评估过程科学规范、公平公正。政策评估报告需通过研讨座谈会、书面征求意见等方式广泛征求各相关部门和单位的意见和建议，并由生态环境部进行综合评估审核，这是政策制修订的必要依据和程序。

二是强化技术支撑。建立生态环境政策评估技术合作平台，强化政策评估技术支撑与服务。广泛动员国内科研机构、高校及有关行业协会和重点企业，建立生态环境政策评估技术合作平台，形成合作交流长效机制，加强对政策评估工作的技术支撑和服务。同时充分利用现代化信息技术、大数据、互联网技术等，运用经济学、社会学等方法开展政策评估研究，为政策评估提供科学技术支撑，提高政策评估水平和政策决策服务质量。

三是加强能力建设。在人财物等方面加大对生态环境政策评估工作的投入力度，建立生态环境政策评估资金支持长效机制，实现信息数据共享、核校和高效调度，建立生态环境政策评估方法体系和数据库，加强对生态环境政策评估工作人员的培训，提升生态环境政策评估工作能力和水平，确保生态环境政策评估工作的持续性和稳定性。

第二节　经济、技术政策的生态环境影响评价

政策生态环境影响评价（Policy SEA）（以下简称政策环评）是指，国务院有关部门和省级人民政府在组织制定产业和重大生产力布局、区域发展、税收、补贴、价格、贸易等相关经济、技术政策过程中应当开展的，充分考虑和预测经济活动可能带来的环境影响范围、程度的工作机制。政策环评不仅是发挥生态环境保护体系"源头预防、过程控制"功能的重要制度安排，也是生态环保部门参与宏观经济决策、促进经济

绿色低碳可持续发展的有力抓手。

一　政策生态环境影响评价的必要性和依据

（一）政策环评是我国环境影响评价体系中的重要环节

在国际上，一般认为战略环评（SEA）制度中的"战略"包含政策、规划和计划三个不同层次，而政策环评就是战略环评制度在政策层次的应用。政策的本质是政府等公共社会权威为实现社会目标、解决社会问题而制定的公共行动计划、方案和准则，具体表现为一系列法令、策略、条例、措施等。政策环评的目的是对为了实现特定公共目的的政策进行预测分析与科学评估，对其可能造成的不利环境影响进行论证，以确保其在决策的初始阶段，就考虑社会经济发展，确保环境、经济、社会发展协同推进。与建设项目和规划相比，重大政策的环境影响范围更大、程度更高、延续性更强，评价难度也更大。政策环评的结果，可用于对政策进行调整、提出预防措施和替代方案，避免或减少对环境的不利影响。

（二）政策环评是经济发展决策纳入环境考量的重要机制

党的十九届四中全会提出，"健全决策机制，加强重大决策的调查研究、科学论证、风险评估，强化决策执行、评估、监督"。党的十九届五中全会审议通过的《中共中央关于制定国民经济和社会发展第十四个五年规划和二○三五年远景目标的建议》提出，"健全重大政策事前评估和事后评价制度，畅通参与政策制定的渠道，提高决策科学化、民主化、法治化水平"。开展重大行政决策的环境影响评价工作，是贯彻落实党中央推进国家治理体系和治理能力现代化、构建现代环境治理体系的要求，对完善"源头预防、过程控制、损害赔偿、责任追究"的生态环境保护体系具有重大意义。我国不同领域的政策往往由不同主管部门制定，受制于部门之间的独立性、利益诉求的差异，政策制定与实施中难以实现环境与经济效益的协调。在重大产业布局、行业发展政策的制定环节开展环境影响评价，可以起到防范重大环境风险、补齐重点领域环境保护制度短板、支持保障绿色低碳高质量发展的作用，有利于实现政策措施的最优化和减污降碳成效的最大化。

（三）政策环评的法律法规和政策依据

2014 年修订的《中华人民共和国环境保护法》第十四条规定"国务院有关部门和省、自治区、直辖市人民政府组织制定经济、技术政策，应当充分考虑对环境的影响，听取有关方面和专家的意见"，这是政策生态环境影响评价工作的主要法律依据。2019 年，国务院发布的《重大行政决策程序暂行条例》明确要求决策承办单位根据需要对决策事项涉及的人财物投入、资源消耗、环境影响等成本和经济、社会、环境效益进行分析预测。2020 年 11 月，生态环境部印发《经济、技术政策生态环境影响分析技术指南（试行）》，为经济、技术政策制定部门组织开展政策生态环境影响评价提供可操作的技术路径。

二 政策生态环境影响评价的国内外研究和实践进展

（一）国际上较早将政策环评纳入法律，规范环评程序

美国的政策环评始于 1970 年实施的《国家环境政策法案》，该法案的第 102 条要求对严重影响环境质量的主要联邦行动进行详细的环境影响评价，包括联邦机构的法律草案、政策、计划、规划和项目，并成

立了环境质量委员会负责监督实施。美国的政策生态环境影响评价体系并没有将规划、计划、政策等与建设项目区别对待，因此针对政策的环境评价其实就是建设项目环境影响评价模式在政策层次的应用。加拿大在 1990 年的环评立法中对已有的环评制度进行增补，明确了对新政策、新规划进行环评的程序。这一规定出台后三年间就有约 90 个提交给内阁的政策做了环境影响评价。2010 年发布《政策、规划和计划草案的环境评价内阁指令》和《执行内阁指令的导则》，进一步形成了以政策制定部门为评价责任主体、加拿大环境部及环境评价署为协调机构的政策生态环境影响评价制度。欧盟在政策出台前，对不同方案可能产生的环境、经济、社会影响进行前瞻性评价，称"影响评价"。在 2001 年发布《战略环境评价指令 2001/42/EC》，将农业、林业、渔业、能源、工业、运输、废物管理、水管理、电信、旅游、城乡规划或土地使用等领域的规划、计划和项目纳入影响评价范畴。2009 年欧盟出台了《影响评价导则》，规定欧盟委员会的内部机构（例如环境总司、农业总司等）在提出法律或政策草案时，必须按照导则要求进行社会、经济和环境影响评价，并形成报告辅助决策。影响评价必须有公众充分参与，保证不低于 12 周的公众参与期。对于宽泛、不涉及行业、没有具体措施和目标的指南和指导性文件不需要开展政策环评，但上升为立法行为开始实施时则必须开展。

（二）我国政策环评应突出前瞻性，服务经济高质量发展大局

"十四五"时期，我国生态文明建设进入以降碳为重点战略方向、推动减污降碳协同增效、促进经济社会发展全面绿色转型、实现生态环境质量改善由量变到质变的关键时期。经济发展领域的各项决策科学化、规范化和系统化成为国家治理体系和治理能力现代化的重要体现，也成为协同推进生态环境高水平保护和经济高质量发展的必然要求。因此，涉及重点产业和重大生产力布局的经济、技术政策必须在制定阶段就贯彻绿色低碳发展的理念，充分考虑防范化解重大环境风险，完善各领域环境保护制度，充分考量各项经济活动的环境影响，协同推进环境保护和高质量发展。

从我国生态环境治理科学决策的现实需求来看，我国政策环评应具有以下特点。一是评价对象广泛多元。不同于规划和项目的微观性，政策的环境影响范围较广，囊括全国到地域范围内的宽泛主体、丰富客体，涵盖丰富的环境要素内容。因此其所评价的对象具有多元性，狭义上应包括政府部门的规范性文件、规章和行政法规，广义上应涉及地方性法规、部门规章、自治条例和单行条例以及部分规划等。二是评价内容具有前瞻性。政策环评的根本功能是"预防为主，源头控制"，在决策前期就对未来可能产生的环境影响进行预测、研判和预防。从理论上讲，政策环评应先行之，区域与行业的规划环评次之，而建设项目的环评则再次之。因此，政策生态环境影响评价应贯穿政策制定的全过程，做到前置性介入，具备前瞻性。三是评价过程具有时效性。我国许多政策从制定到发布实施通常周期较短，政策环评具有较强的时效性，这也决定了政策环评的方法不宜过于复杂、评价的周期不能过长。四是评价方法应突出便捷性。我国大部分政策以问题为导向，与此相适应，政策环评应聚焦主要问题，在评价方法上突出专业化和快速化的特点，以定性和半定性评价为主，定量评价为辅。

（三）我国政策环评开展可遵循"两个阶段"和"四步流程"

借鉴国际经验，我国开展政策环评的框架可遵循"两个阶段"和"四步流程"。"初步识别"阶段筛选识别核心作用政策，即政策中可能产生环境影响的关键措施，初步判断核心政策是否会对生态环境要素产生影响。"影响评价"阶段重点预测政策环境影响程度和范围，识别环境风险。具体针对某一领域政策开展环境影响评价时，可以采用"四步流程"。一是行业和政策现状分析，获取影响预测的基础信息和数据，作为后续评价指标和方法体系建立的依据。二是要素识别，采用影响树和清单法，建立"政策措施—行业（生产）行为—环境影响"链条，筛选评价重点生态环境要素。三是影响预测，采用定量为主、定性为辅的方法，关联政策要素和环境要素，并将预测结果以矩阵方式表达，做到一目了然、多元比较。四是政策建议，根据环境影响预测结果，结合现有环保制度短板，提出有针对性的政策建议。在此基础上，开发完善政策环评的技术方法，做好相关技术和行业数据储备。

三 政策生态环境影响评价的技术方法

通常政策环评的技术方法分为定量和定性两种类型，本节重点介绍几种政策环评的技术方法，以及各类方法在行业和政策现状分析、要素识别、影响预测、政策建议"四步流程"中的应用方式，以充实政策环评的技术方法库。

（一）影响树法

影响树（或流程图、网络分析）法的目的是表明不同经济社会要素和环境要素的因果关系。在政策环评的行业和政策现状分析、要素识别流程中可以重点使用该方法，分析拟评价政策对生态环境的影响，确定评价范围和影响要素，作为下一步定性或定量评价的基础。影响树法通过"政策—行业（生产）行为—环境影响"的逻辑，建立政策环境影响因果链并识别经济社会行为和环境要素变化的关系，以初步识别政策实施后可能带来的社会行为和环境影响。例如在分析化肥行业转型政策的环境影响时，运用影响树法来初步识别该政策的八大措施实施后对生态环境要素（水、气、土、生态等）产生的影响。根据对政策目标、措施的解析，用影响树建立政策影响生态环境的路径（见图 2-1）。"树"的左侧为政策，中间分级列出政策措施、行业活动变化、生产要素变化，最后落脚到对生态环境要素的影响。

（二）专家打分法

专家打分法是一种将政策的影响定性判断后定量化描述的方法。根据评价目的和评价对象特征制定出相应评价标准，邀请若干具有代表性的专家凭借自己在该领域的专业经验按此评价标准给出评价分值，最终对专家意见统计、处理、分析和归纳后进行定量描述以用于辅助决策，在要素识别流程中通常采用此方法，用于对政策环境影响要素变化趋势的初步判断。一般采用研讨会、专题访谈、问卷调查等形式，通过邀请政策相关领域的技术专家、利益相关者和一般公众进行评价，具有过程便捷、信息交换快速有效的特点。专家打分法是在我国复杂的决策体系下前期介入政策评估的一种重要手段，有助于政策各利益相关方更好地理解政策制定背景、初衷和受众，帮助决策者准确把握政策未来的发展，及时采取措施规避政策的不利影响。

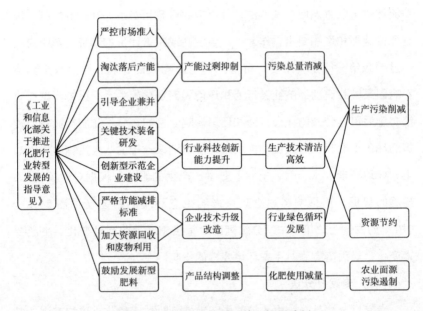

图 2-1　化肥行业转型政策环境影响树

专家打分法适用于政策实施存在诸多不确定因素，政策影响难以采用其他方法进行量化评估的情形。该方法可以针对特定政策目标和作用对象，设计恰当的评价指标和计算方法，并将专家评判的结果用影响分级的形式直观展现，具有评价流程简便、计算方法简单、可操作性强的优点，适用于政策目标和措施难以用指标量化描述的通知、指导意见、管理规章、实施方案等类型政策的评估。例如，在对我国化肥使用政策进行环境影响评价时，将专家对某一政策的环境影响判断，通过打分表展示，使其清晰易懂，便于决策（见表 2-1）。

表2-1 化肥使用政策生态环境影响识别

政策类型		水环境	大气环境	土壤重金属输入	生态	气候变化
规模与结构调整政策	作物种植结构调整	+1L	+1L	+1L	---	+1L
	优化氮磷钾结构	+2S	+2S	---	---	+2S
	有机肥替代	+3S	+3S	−3L	---	+3S
技术改进措施	测土配方施肥	+1S	+1S	+1L	---	+1S
	机械施肥	+1S	+1S	+1L	---	+1S
	水肥一体化	+1S	+1S	+1L	---	+1S

注："+"表示有利影响，"−"表示不利影响，"---"表示不产生影响，"1、2、3"表示影响程度的加深，"S"和"L"分别表示短期影响和长期影响。

（三）清单法和矩阵法

清单法又被称为核查表法，是将可能受政策影响的经济、社会要素和影响性质，在清单表上一一列出的识别方法，亦称"列表清单法"或"一览表法"，可以用于要素识别流程中的生态环境影响描述。该方法早在1971年就已发展起来，至今仍被广泛用于项目环评，并有简单型、描述型、分级型多种表现形式。在国际上的各类战略环评中，清单法常被用于筛查某项法规或行动的阈值、范围或需要监控的方面。在政策环境影响识别中通常使用的是描述型清单，即对受影响的环境因素先做简单的划分，以突出有价值的环境因子，再通过环境影响识别，将具有显著性影响的环境因子作为后续评价的主要内容。世界银行的《环境评价资源手册》，将描述型清单按工业类、能源类、水利工程类、交通类、森林资源、市政工程等编制成主要环境影响识别表，供查阅参考。另一类描述型清单是传统的问卷式清单，清单中仔细地列出了

"政策/计划/行动—环境影响"要询问的问题，针对项目的各项"活动"和环境影响进行询问。答案可以是"有"或"没有"。如果回答为有影响，则在表中的注解栏中说明影响的程度、发生影响的条件以及影响的方式，而不是简单地回答某项活动将产生某种影响。该方法有形式多样、操作灵活、清晰易懂的特点，可以将初步筛选出的环境影响要素直观呈现。

矩阵法由清单法发展而来，不仅具有影响识别功能，还有影响综合分析评价功能，可以用于要素识别后的简化处理。国际上一些战略环评体系在很大程度上以"矩阵法"为基础开展影响评价。它将清单中所列内容系统地加以排列，把政策相关的各项"活动"和受影响的环境要素组成一个矩阵，在"活动"和环境要素之间建立起直接的因果关系，以定性和半定量的方式说明政策的环境影响。例如，英国的土地利用发展规划在制定时，利用目标实现矩阵对拟议行动的环境影响进行判断（见表2-2）。该矩阵展示了城市复兴政策的有关发展目标（如城市更新、棕地使用）对环境、经济、社会指标可能产生的影响（如运输能源效率）。如果认为某项"活动"可能对某一环境要素产生影响，则在矩阵相应交叉的格点将环境影响标注出来。可以将各项"活动"对环境要素的影响程度，划分为若干等级。为了反映各个环境要素在环境中的重要性的不同，通常还采用加权的方法，对不同的环境要素赋予不同的权重，可以通过各种符号来表示环境影响的各种属性。

表 2-2　英国战略环评中目标实现的矩阵分析

标准	全球可持续性					自然资源					当地环境质量				
序号	1	2	3	4	5	6	7	8	9	10	11	12	13	14	15
拟议政策/行动	运输能源效率	交通出行	住宅能源效率	可再生能源潜力	固碳	野生动物栖息地	空气质量	节水	土壤质量	矿产保护	景观	乡村环境	文化遗产	公园	建筑物质量
城市更新	√	√	√	√	√	√	√	√	×?	·	√		√	√?	√
电车改进	√	√	?	√?	√	·	√	·	·	·	·	·	√	?	√
棕地使用	·		·	√?	√	×?			×?	√	√				

注："·"表示没有关系或影响无足轻重;"√"表示显著有利影响;"√?"表示可能有但无法预测的有利影响;"×?"表示可能有但无法预测的不利影响;"×"表示显著不利影响。

(四) 产排污系数法

产排污系数是指生产单位在设备齐全、技术和经济都趋于正常的状态下,生产单位产品所排放的污染物数量的统计平均值,在项目环评中也称"排放因子"。产排污系数法是一种定量预测政策可能带来的环境影响的方法,通过进行情景分析预测政策目标和关键措施实施后可能带来的行业生产要素变化,结合重点行业资源消耗和产排污系数,估算出政策实施后带来的行业污染物排放的变化,在政策环评的影响预测流程中,可以采用此方法。2021 年 6 月,生态环境部发布《排放源统计调查产排污核算方法和系数手册》,进一步规范排放源产排量核算方法,统一产排污系数,可以作为政策环评量化开展的重要依据。因此该方法适用于对生产要素影响显著的重点行业技术政策,尤其是具有明确量化目标的行业发展、转型等政策。

（五）生命周期评价法

生命周期评价（Life Cycle Assessment，LCA）是量化、评估、比较和开发商品和服务潜在环境影响的有力工具，其通过对产品"从摇篮到坟墓"的全过程所涉及的环境问题进行分析和评价，帮助决策者做出更优的选择，可以在影响预测流程中使用。LCA 可以根据酸化效应、全球变暖、资源消耗等来量化生产系统的全生命周期环境影响，被广泛应用于绿色产品开发、能源优化、农业生产、废弃物管理、污染预防等众多公共政策制定和效益评估领域。生命周期评价法以物质和能源流动链条为基础，提供一种更全面系统的视角进行政策环境分析，该方法已发展出成熟的模型软件和数据库供选择，操作快捷灵活，评价周期较短。但在实际应用中存在边界确定、一手参数获取以及评估结果的普适性问题。在政策环评应用中，可以将调查研究的方法与 LCA 模型相结合，通过调查研究快速有效地获取一手物料生产及排放数据，通过软件和模型进行量化计算，做到科学性与便捷性两者兼顾。图 2-2 描述了基本的工业生命周期系统，指明了在涉及工业的政策生态环境影响评价中，应该重点考虑哪些投入和产出要素。但在国际上，进行全生命周期评价需要获取大量产业链基础数据，这些数据主要通过调研特定企业或购买相关数据库获得，成本较高，因而无法在战略环评中对其频繁使用。

（六）成本-效益分析法

成本-效益分析法（Cost-Benefit Analysis，CBA）是对政策实施后在经济社会发展和生态环境等方面所产生的费用及效益进行科学分析的评估方法，可以在影响预测流程中使用，不仅能量化生态环境影响，还

图 2-2　工业生产循环系统

能兼顾经济考量。CBA 方法可以提高政策的可实施性，常用于影响评价中货币或非货币因素下不同替代方案的比较，可以是政策实施后的事后分析，也可以是政策实施前的事前分析预判。成本-效益分析法通常可以与多标准分析法结合使用，两者都频繁地被应用于政策评估中，可以用 CBA 方法来衡量货币因素，以多标准分析法来衡量非货币因素，形成互补。两者在货币因素上的使用类似，可以简单理解为总收益减去总成本得到净效益。CBA 方法被应用于各个行业政策中，可用于确定政策或行动规划内需要优先得到资助的项目。例如在制定运输规划时，采用成本-效益分析法，要考虑的成本包括建设、维护和运营成本，收益则包括较高水平的安全性、便捷的交通和区域的经济效应。

（七）计量实证分析

随着实证主义的兴起，定量研究方法也进入社会科学领域，关于环境经济关系的量化分析，国内外学者开展了广泛的研究并取得了丰富的成果。围绕空气质量这一热点问题评估分析不同政策措施的影响效果，常见的计量实证方法有断点回归、合成控制、多元线性回归、双重差分、面板回归等。在以计量实证的方法开展空气质量变化规律的研究时，空气质量的表征指标通常包括单项或多项污染物（如 $PM_{2.5}$、NO_2、O_3 等），时间尺度涉及日、月、季节、年际演变规律等，地域尺度和空间范围也较为多样，包括国家、省域、城市群，影响因素涉及风速、温度、湿度、气压、降水等气候气象因子以及经济增长、产业结构、人口、机动车等经济社会因素。

以面板回归模型为例，常见的回归方程如下所示。

$$PM_{i,t} = \alpha_0 + \alpha_i + X'_{i,t}\beta + \varepsilon_{i,t}, (i = 1,2,\cdots,N; t = 1,2,\cdots,T)$$

$$X'_{i,t} = \begin{bmatrix} Eny_{i,t} \\ Eco_{i,t} \\ Pop_{i,t} \\ Wind_{i,t} \\ Tem_{i,t} \\ Hum_{i,t} \\ Rain_{i,t} \\ Pre_{i,t} \end{bmatrix}, \beta = \begin{bmatrix} \beta_1 \\ \beta_2 \\ \beta_3 \\ \beta_4 \\ \beta_5 \\ \beta_6 \\ \beta_7 \\ \beta_8 \end{bmatrix}$$

其中，$PM_{i,t}$ 表示城市 i 在 t 时期的 $PM_{2.5}$ 平均浓度，α_0 为常数项，α_i 表示城市固定效应，$\varepsilon_{i,t}$ 为残差扰动项，$X'_{i,t}$ 分别表示城市 i 在 t 时期的能源消费量 $Eny_{i,t}$，经济活动水平 $Eco_{i,t}$，人口因素 $Pop_{i,t}$，天气因素风速 $Wind_{i,t}$、温度 $Tem_{i,t}$、湿度 $Hum_{i,t}$、降水 $Rain_{i,t}$、气压 $Pre_{i,t}$。

经济活动水平也可扩展为重点行业工业产品产量、工业增加值、机动车保有量、城市森林蓄积量等。考虑的因素较多时，需要考虑各自变量的共线性问题，变量的选取需要考虑数据可获得性以及回归结果的稳健性，在此基础之上可结合实际研究目的和现实状况，对实证回归结果进行合理解释。

四 政策生态环境影响评价的实践案例

（一）化肥生产和使用政策生态环境影响评价

为了推进化肥减量提效，探索产出高效、产品安全、资源节约、环境友好的现代农业发展之路，2015 年 2 月，农业部制定了《到 2020 年化肥使用量零增长行动方案》，部署了化肥零增长的目标、技术路径、重点任务等内容。

在梳理化肥政策的基础上，本书将评价对象归纳为化肥生产（供给侧结构性改革）政策和化肥使用政策，建立精细化政策解析路径，探索"政策梳理—政策解析—影响评价—政策建议"四步流程，采用专家打分、问卷调查、产排污系数等方法进行环境影响预测，首次提出"政策环境影响识别表"方法进行快速评价。

化肥生产政策措施包括：①宏观调控政策，主要指对氮磷钾肥产能实行总量调控；②产业及技术政策，指鼓励开发新肥料新技术；③经济政策，取消化肥生产企业优惠（用气、用电和增值税）。化肥使用政策措施包括：①结构调整政策，包括调整种植结构和优化施肥结构；②技术进步政策，一是采用技术措施精准施肥，二是研发有机肥替代化肥，三是应用新肥料新技术。

对于化肥生产政策，采用影响树法识别政策影响路径。化肥生产相关政策直接作用于行业经济活动，而行业经济活动水平变动会引起环境影响变化（见图2-3）。

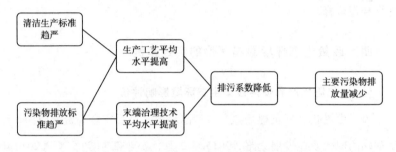

图2-3 化肥生产政策环境影响树

化肥使用政策对环境的影响相对直接。过量施肥，特别是施用化肥，不仅会增加农业生产成本，也会使耕地板结、土壤酸化或碱化、重金属含量增加、有机质下降，化肥的流失还会造成资源浪费，形成对土壤、水、大气环境质量以及农产品质量的多重影响。表2-3展示了两大类化肥使用政策对生态环境的影响机制。

表2-3 评价对象、政策影响途径

政策类型		影响途径
结构调整政策	作物种植结构调整	作物调整→化肥使用类型和亩均使用量变化→化肥使用结构和使用量变化→生态环境影响
	优化氮磷钾结构	化肥替代品使用量增加→化肥使用量减少→生态环境影响
	有机肥替代化肥	

续表

政策类型		影响途径
技术进步政策	测土配方施肥	化肥利用率提高→化肥使用量减少→生态环境影响
	机械施肥	
	水肥一体化	

生产端政策主要采用专家打分法得出环境影响。结果表明,化肥生产政策将使各个化肥分行业的污染物排放量均有小幅下降。其中,氮肥行业污染物排放量减少的幅度最大。分污染物类型看,化肥生产政策实施以后,整体上,化学需氧量(COD)的降幅相对最为明显,工业废气排放量的降幅最小。

使用端政策通过建立指标体系采用产排污系数法量化政策对环境要素的影响。结果显示,作物种植结构调整、测土配方施肥推广、机械施肥推广、水肥一体化推广等 4 项政策对减少水环境中的氮磷钾流失、降低大气污染物 NH_3 和一次颗粒物排放有正向影响。有机肥替代化肥政策会产生重金属污染风险,优化氮磷钾结构政策实施可能会造成土壤中重金属 Pb 的输入小幅上升。

调整生产结构虽然使传统的氮肥磷肥行业产能得到抑制,但肥料消费端的需求仍在,势必会激发有机肥生产行业的发展;化肥生产优惠政策取消会引起化肥生产成本上升而使产量降低,但实际中企业往往会采取其他手段尽可能规避成本上升,去产能等政策对行业污染减排作用有限。对此,建议完善标准,强化监管,防范化肥生产行业环境风险。一是严格化肥生产用煤标准。二是加强化肥行业工业锅炉监管。三是提升化肥生产工艺清洁水平,鼓励企业研发更加清洁高效的生产技术,推动行业清洁水平的提升。

需要警惕的是，随着果菜茶有机肥替代政策的实施，农业生产中有机肥使用量的增加可能会导致土壤重金属累积。建议采取三个方面的措施：一是加大有机肥政策扶持力度，推进技术攻关；二是深入宣传绿色农业理念，提高有机肥合理使用意识；三是加强有机肥绿色生产技术体系建设。

（二）轻型货运车辆电动化政策生态环境影响评价

在道路运输领域，物流行业的运输、配送环节均广泛使用中小型货运车辆，具有高能耗、高排放的特点，是我国节能减排和环境治理的重要对象。同时，物流末端配送网络不完善、配送路径优化不足导致的零担运输、迂回运输等问题加剧了道路交通碳排放。"十三五"期间，国家和地方发布了多个文件，对物流和城市货运领域货运车辆实施节能减排政策。2017年底，交通运输部办公厅、公安部办公厅、商务部办公厅联合发布《关于组织开展城市绿色货运配送示范工程的通知》，主要任务中提到加快标准化新能源城市货运配送车辆推广应用。2018年，《北京市打赢蓝天保卫战三年行动计划》明确到2020年，邮政、城市快递、轻型环卫车辆（4.5吨以下）基本为电动车，积极推动中小型货运车辆电动化。2019年，交通运输部印发《关于加快道路货运行业转型升级促进高质量发展意见的通知》，提出加快推动城市建成区轻型物流配送车辆使用新能源或清洁能源汽车的措施。

物流货车电动化政策通过影响轻型电动货车的生产、消费使用和报废回收实现绿色货运、绿色物流的政策目标，主要影响大气污染排放、温室气体排放、能源消耗以及固体废弃物产生量等环境要素。

生产端，提高电动化比例以及电动物流车补贴政策极大地刺激了电动车企业的生产行为，可能会促使轻型电动货车生产量提高。由于车辆周期内，纯电动货车的电池制造能耗远高于燃油货车，再加上我国以火电为主的能源结构，燃料周期内纯电动货车的温室气体和常规污染物排放量高于燃油货车，轻型电动货车替代燃油货车政策实施后生产端大气污染物和能耗会增加。

使用端，政策实施后，有力促进了城市物流配送中纯电动货车的推广使用，轻型电动货运车辆上路比例的提高，有效降低了温室气体排放量和常规大气污染物排放量。

回收端，提高电动化比例、电动物流车补贴以及路权优先等政策实施后，物流配送行业中电动车使用率大幅提高，增加了电池等固体废弃物的产生量。由于报废回收阶段相比传统燃油货车，纯电动货车动力电池寿命低、回收率差，政策实施后可能会对固体废弃物回收和处置的环境管理带来压力。

总结来说，城市物流货运车辆电动化相关政策实施后，对使用阶段能源消耗降低和大气污染排放减少有明显正向效益。但需要警惕的是，提高电动化比例、电动物流车补贴、路权优先的政策导向加速了电动物流车的推广应用，可能会带来产业无序发展、废旧电池随意处置导致的环境风险，以及生产端动力电池需求量增加导致的能源和矿产资源浪费。

为此，建议如下：一是加快出台完善商用车"双积分"政策；二是创新电动货车运营模式，丰富应用场景；三是加大路权优先政策优惠力度，鼓励政策向中重型货车扩展；四是加快制定燃油货车的退出时间表和技术路径；五是落实生产者责任制，完善电池梯级利用机制；六是加强能源和车辆生产的节能降碳导向。

（三）废弃电器电子产品政策生态环境影响评价

2009年，国务院发布《废弃电器电子产品回收处理管理条例》，从法律上明确了废弃电器电子产品回收处理的相关方责任，规定对废弃电器电子产品处理实行目录管理，建立废弃电器电子产品处理基金，用于对回收处理费用的补贴。2010年9月，国家发展和改革委员会等部门发布《废弃电器电子产品处理目录（第一批）》，将电视机、洗衣机、电冰箱、房间空调器和微型计算机（简称"四机一脑"产品）列入处理目录，2012年财政部发文明确处理基金补贴标准。2015年11月，财政部第一次调整"四机一脑"产品处理基金补贴标准，下调电视机和微型计算机处理补贴，大幅上调洗衣机和房间空调器的处理补贴。2021年3月，财政部发布《关于调整废弃电器电子产品处理基金补贴标准的通知》，整体下调"四机一脑"产品处理基金补贴标准。

废弃电器电子产品处理基金作为单一经济政策，通过补贴影响行业企业生产经营行为从而对生态环境产生影响（见图2-4）。一是直接增加处理企业利润，企业有足够动力促进用户将报废产品投放到网点，提高废弃电器电子产品进入正规渠道处理的处理率，从而减少固体废弃物污染、提高资源循环利用率。对废弃房间空调器、电冰箱进行回收处理能够显著降低含氟制冷剂等温室气体排放。二是促进回收处理行业规模化发展。在基金补贴的激励下，大量资本投入回收处理行业，龙头企业加快布局新增产能，拆解量向头部企业聚集，规模效应促进资源循环利用率大幅提高。根据生态环境部数据，全国共有29个省区市的109家正规废电器处理企业被纳入处理基金补贴名单，年处理能力合计达到

1.64 亿台。[①] 但行业规模扩张也可能引起能源消费增加，从而增加局部地区空气污染和碳排放。三是推进拆解处置行业技术进步。资质管理、资金发放审核、污染防治指南等配套政策促进企业精细化管理水平不断提高，推进行业标准的制定，拆解处置效率大幅提高，资源环境效益明显。根据中国家用电器研究院等发布的《中国废弃电器电子产品回收处理及综合利用行业白皮书 2020》，2020 年，洗衣机、房间空调器和平板电视/显示器产品的平均拆解效率，分别较上年提高 19.7%、18.6%、16.9%。

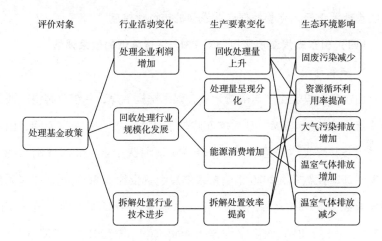

图 2-4　处理基金政策生态环境影响树

从补贴下调的环境影响来看，补贴下调直接引起处理行业利润下降，短期内可能会增加处理企业成本，流入非法渠道的废弃电器电子产品处置

---

① 《对十三届全国人大三次会议第 1644 号建议的答复》，2022 年 11 月 1 日，https://www.mee.gov.cn/xxgk2018/xxgk/xxgk13/202011/t20201126_810068.html。

量可能会增多，产生直接环境风险。对于回收处理行业而言，企业可能会通过减产来缓解经营压力，轻微降低能源消费量；而补贴下调对于既有拆解技术水平、拆解处置效率不产生显著影响。与此同时，分析发现，处理基金政策在实施过程中存在问题：一是补贴目录所覆盖产品种类有限，回收数量不均衡；二是处理基金收支不平衡问题突出；三是正规企业存在"吃不饱"问题；四是可持续经营高度依赖补贴，基金运行效率低。

为此，建议基于市场技术和成本动态调整基金标准，适时制定"九类产品"补贴标准，健全废弃电器电子产品回收渠道，落实多方主体回收处置责任，完善处理产业发展的市场化机制。

（四）山东省煤炭消费控制对 $PM_{2.5}$ 浓度降低的效果评估

1. 研究背景

山东省是煤炭生产与消费大省，能源结构偏煤，持续改善空气质量并降低细颗粒物（$PM_{2.5}$）浓度面临较大压力。"十三五"期间，山东省努力压减煤炭消费总量，稳步降低煤炭消费比重。根据《山东统计年鉴—2021》数据，2020 年山东省煤炭消费量约 3.88 亿吨，占能源消费比重约为 66.8%，相比 2015 年，总量减少 4725.6 万吨，占比下降 9.7 个百分点；$PM_{2.5}$ 浓度平均值为 46ug/m³[1]，较 2015 年下降 37.0%，但全省 16 个城市中仍有 13 个城市未全面达到国家空气质量二级标准，形势不容乐观[2]。山东省已经明确了"十四五"时期的煤炭消费控制目

---

[1] 《2020 年 1—12 月全省环境空气质量状况》，2021 年 1 月 27 日，http://www.sdein.gov.cn/dtxx/hbyw/202101/t20210127_3522029.html。

[2] 《我省污染防治攻坚战阶段性目标任务全部完成◆PM2.5 年均浓度较 2015 年下降 37%◆劣五类水体全部消除》，2021 年 1 月 1 日，http://www.shandong.gov.cn/art/2021/1/1/art_97564_392746.html。

标和 $PM_{2.5}$ 浓度目标，煤炭消费与空气质量改善存在紧密联系，研究煤炭消费控制对空气质量改善的效果与政策，是否需要进一步加大煤炭消费压减幅度来实现煤炭消费减量和空气质量改善的双重目标是需要关注的重大问题。

2. 研究方法与数据

以下以面板回归模型进行实证检验，局限性在于未考虑不同大气主要污染物化学反应过程对 $PM_{2.5}$ 浓度变化的影响，考虑到不同自变量之间的共线性问题，仅选取煤炭消费量、地区生产总值、人口作为关键经济因素。

鉴于数据可获得性、统计口径一致性，为使面板回归得到稳健的回归结果，本书以山东省16个城市2016~2020年的数据进行分析。以各个城市地区生产总值代表经济社会综合发展水平，以城市常住人口数量代表人口因素，$PM_{2.5}$ 浓度、天气因素均为月度均值，温度变量先转换为华氏温度，再对各变量取对数，进行实证检验。$PM_{2.5}$ 浓度、煤炭消费量、地区生产总值、人口数据主要来源于山东省以及16个城市历年的统计年鉴、山东省生态环境部门和统计部门网站数据和统计公报，天气因素数据来源于美国国家气候数据中心（NCDC）。

3. 研究结果分析

从整体看，煤炭消费量的变化对 $PM_{2.5}$ 浓度有显著影响。实证检验结果显示，煤炭消费量对 $PM_{2.5}$ 浓度的回归系数为 0.344，贡献度约为 4.45%（见表2-4），即煤炭消费量的减少对山东省 $PM_{2.5}$ 浓度降低具有显著作用，煤炭消费量减少10%，$PM_{2.5}$ 平均浓度下降约 3.4%。

表 2-4　山东省煤炭消费量对 $PM_{2.5}$ 浓度影响的面板回归结果

变量	$PM_{2.5}$-煤炭
煤炭消费量	0.344*** （4.45%）
地区生产总值	-0.332*** （5.06%）
人口	0.321***
温度	-0.0329***
湿度	-0.00063
风速	-0.152***
气压	0.00126
降水	-0.0214**
调整 R^2	0.7395

注：括号内百分数表示煤炭消费量、地区生产总值对 $PM_{2.5}$ 变化的贡献度。** $p <$ 0.05，*** $p < 0.01$。

经济增长的同时，$PM_{2.5}$ 浓度实现持续下降。实证检验结果显示，地区生产总值对 $PM_{2.5}$ 浓度的回归系数为 -0.332，贡献度约为 5.06%（见表 2-4）。"十三五"期间，山东省积极推进产业结构绿色转型和煤炭清洁高效利用，能源消耗强度和煤炭消耗强度均稳步下降，在推动经济增长的同时，大气主要污染物排放量逐年减少，$PM_{2.5}$ 浓度显著下降，即深入推进经济社会全面绿色转型，可实现环境空气质量持续改善和经济社会高质量发展双赢。

五　政策生态环境影响评价的建议

（一）建立与政策制定单位的协作机制，加快推动技术指南的应用

健全生态环境部与政策制定单位的政策协调与工作协同机制，拓宽

生态环境部门参与经济、社会发展重大决策的途径，提高利用政策环评工具促进生态环保参与宏观经济治理的能力。美国和欧盟十分注重环境治理协调与合作的制度化建设，建立了一整套科学有效的政策统筹和影响分析流程，并制定了《规制影响指南》《经济分析指南》等一系列标准化、规范化的操作指南，为相关部门和人员开展工作提供了重要的参考和便利。借鉴国际经验，建章立制推动政策生态环境影响评价在重大决策程序的早期介入，加快推动《经济、技术政策生态环境影响分析技术指南（试行）》的应用，完善部门间协作进行系统化决策的机制，推进部门决策从根本上重视环境考量。

（二）加强政策执行的后评估，防范化解重大环境风险

政策环评实施后，应继续遵循"过程控制"的原则，在可能产生重大环境影响的经济政策实施一段时间后开展后评估，对政策执行情况、政策有效性、环境影响、制度保障等进行检验评价，并将环境影响后评估机制化、常态化。密切跟踪行业形势变化，基于新形势重新评估政策带来的不利环境影响，优化调整环境管理保障措施。后评估的主要范围应锁定在经济、技术政策产生的非预期影响上，关注建立完善有效的环境保障制度，以防范化解重大环境风险。

（三）总结政策环评试点成果，做好案例和技术方法储备

在国家和地方层面政策环评第一批试点研究的基础上，进一步加强对试点成果的总结，形成针对技术、经济、产业等不同类型政策的技术方法库，并以生态环境部的名义出台政策环评方法的技术指南。同时，在重点行业开展政策环境影响基础研究，持续跟踪政策、行业和市场最新动态，提高政策生态环境影响评价的时效性和前瞻性。分领域建立政

策环评专家库，加强与重点行业的信息沟通，深入调研政策背景，找准政策生态环境影响评价着力点。充分发挥政策环评防范环境风险、促进科学决策、推进绿色发展的重要作用。从提高决策效率出发，探索政策生态环境影响评价的"基础研究—专家论证—风险识别—定量评价"的快速评价模式。

（四）加强政策环评人才培养和队伍建设

基于重点领域政策环评试点研究，加快建设一批专业能力强的政策环评技术团队。政策环评涉及部门范围广、利益相关方多、技术评估审查专业性强，特别需要加强人才培养和队伍力量，确保政策环评各项工作高效运转、有序衔接。美国国家环境保护局（EPA）政策办公室下设了一支技术力量——国家环境经济中心（NCEE），专门负责对涉及环境的政策、法律法规进行成本-效益分析，开展经济和风险评估，保证政策的科学性和一致性。建议在生态环境部系统培养技术力量，积累重点行业信息、数据，储备适用于环境管理的技术方法，保证重点领域政策制定充分纳入环境考量，降低重大决策的环境和社会风险，提高生态环境部门支持和服务其他部门政策环评事务的能力和水平。

第三章　行业环境经济政策

　　绿色发展是生态文明建设的必然要求，建立健全绿色低碳循环发展经济体系、促进经济社会发展全面绿色转型是解决我国生态环境问题的基础之策。本章以推动行业高质量发展为视角，选取传统产业转型升级、战略性新兴绿色产业、节能环保产业的代表，分析财政、税收、价格、金融等环境经济政策如何助推行业绿色发展，探索重点行业协调经济高质量发展与生态环境高水平保护的政策路径。

第一节　钢铁行业

　　钢铁行业是支撑我国国民经济发展的重要基础性行业，也是我国污染物和碳排放的重要源头，是环境治理的重点和难点领域。"十四五"

时期，我国钢铁行业仍然存在产能过剩压力大、绿色低碳发展水平有待提升、产业集中度偏低等问题，尤其是尚未实现全行业超低排放改造，以长流程为主的工艺使行业的深度减污降碳存在制约。在经济下行的压力下，钢铁行业亟须出台行之有效的经济政策，以更好地发挥鼓励先进、保障生产、稳定增长等重要作用，充分发挥市场机制、释放政策红利引导钢铁行业绿色低碳高质量发展。

一 行业绿色发展现状与挑战

（一）钢铁行业面临形势

中国是世界上最大的钢铁生产国，钢铁产量占比超过 50%。"十四五"时期，中国新型工业化、城镇化的进程仍在加速推进，特别是近年来城乡建设中装配式钢结构建筑逐渐普及，汽车、家电等高用钢产品更新换代加快，预计未来建筑、交通、机械等行业对钢铁产品仍保持巨大需求。然而，中国钢铁行业供应链较长、排放工序环节多，能源消耗较高、污染物和碳排放总量巨大，在中国所有工业排放中位居前五（生态环境部环境工程评估中心，2021），二氧化碳年排放量约占全国的 15%，占全球钢铁行业碳排放总量的 60% 以上。

"十三五"时期，我国钢铁行业绿色发展取得显著成效，污染物排放大幅降低。"十四五"时期，我国生态文明建设进入以降碳为重点战略方向、推动减污降碳协同增效、促进经济社会发展全面绿色转型、实现生态环境质量改善由量变到质变的关键时期。在"2030 年前实现碳达峰，2060 年前实现碳中和"的背景下，同时面临污染物和温室气体减排两大目标，钢铁行业将以减污降碳协同增效作为重点任务，推进行业绿色低碳高质量发展。因此，研究探索并综合运用行之有效的经济政策，通过市场机制加大对钢铁企业绿色转型发展的引导和激励，促进构建完善约束与激励相结合的钢铁行业生态环境政策体系，对推动中国钢铁行业高质量发展、深入打好污染防治攻坚战、实现"30·60"目标具有十分重要的意义。

（二）钢铁行业绿色发展成效

"十三五"期间，钢铁行业在环境政策方面取得积极进展，有效促进行业供给侧结构性改革，钢铁工业水平显著提高，能源资源利用水平稳步提升，环境治理成效显著。

1. 过剩产能得以严格控制和优化

2017 年以来，随着污染防治攻坚战的提出和污染防治工作的强力推进，"地条钢"清理成效显著。一批环保不达标的落后钢铁企业被淘汰，大量非法产能被去除。2017 年，工业和信息化部出台《钢铁行业产能置换实施办法》，严格规定产能置换，要求京津冀、长三角、珠三角等环境敏感区域置换比例不低于 1.25∶1，其他区域实施减量置换。2021 年，新版《钢铁行业产能置换实施办法》进一步加大力度，提高了产能置换比例，重点区域由 1.25∶1 提高至 1.5∶1，非重点区域由等量置换提高至 1.25∶1。

2021 年，国家发展改革委、生态环境部、工信部等有关部门，以钢铁去产能、控产量为主要抓手，开展了粗钢产量压减和控产能工作。压减的重点是京津冀及周边地区环保绩效水平差、能耗高、工艺装备相对落后的企业产量。同时，去产能"回头看"现场检查推动了一批钢铁产能应退未退、冶炼项目违法违规建设等问题及时整改到位。这些政策是保障钢铁行业减污降碳的基础措施。

2. 超低排放改造全面推行

2019 年 4 月，生态环境部会同国家发展改革委、工业和信息化部、财政部、交通运输部联合印发《关于推进实施钢铁行业超低排放的意见》，将"有组织排放、无组织排放、大宗物料产品清洁运输"作为主要控制指标，强化企业主体责任。2019 年 12 月，生态环境部办公厅印发《关于做好钢铁企业超低排放评估监测工作的通知》，进一步规范钢铁企业超低排放评估监测工作，统一超低排放评估监测程序和方法。

在政策推动下，钢铁行业超低排放改造取得显著进展。截至 2023 年 2 月，全国共 46 家[①]企业完成全过程超低排放改造公示，涉及粗钢产能约 2.41 亿吨，并通过了评估监测，4.6 亿吨粗钢产能已完成重点工程改造，合计占全国总产能的近 2/3。[②] 重点企业加快推进铁路专用线建设，涉及大宗物料运输的新改扩建项目，采用铁路、水路或管道等绿色运输方式。已完成超低排放改造的企业，通过建设铁路专用线、采用管道运输、使用电动重卡及国五以上柴油货车等方式开展清洁运输行动。

3. 积极引导长流程炼钢向短流程转变

2021 年 11 月，《中共中央 国务院关于深入打好污染防治攻坚战的意见》指出，坚决遏制高耗能高排放项目盲目发展，推动高炉—转炉长流程炼钢转型为电炉短流程炼钢。2022 年 1 月，工业和信息化部、国家发展和改革委员会、生态环境部联合印发《关于促进钢铁工业高质量发展

---

① 所引资料来源中正文为 46 家。
② 《45 家钢铁企业完成全过程超低排放改造公示》，2023 年 3 月 1 日，https：//www. ndrc. gov. cn/fggz/cyfz/zcyfz/202303/t20230301_ 1350515. html。

的指导意见》，明确指出要推进废钢资源高质高效利用，有序引导电炉炼钢发展，并提出到 2025 年电炉钢产量占粗钢总产量比例提升至 15% 以上的目标。逐步提高短流程炼钢比例是钢铁行业减污降碳的重要措施。

（三）减污降碳面临的挑战

1. 以长流程为主的生产工艺污染物和碳排放总量大

中国钢铁企业的生产工艺以以铁矿石为原料的高炉—转炉长流程工艺为主，以废钢为原料的电炉短流程工艺生产的粗钢产量仅占总产量的 10% 左右，相比世界先进水平仍有较大提升空间。长流程工艺中烧结、焦化等工序用能结构中煤、焦炭占比 90% 以上，烟气排放量大、污染物种类复杂，烟气末端治理还会带来能耗增加、氨逃逸、固废处置等次生环境问题。

与长流程钢铁企业相比，我国短流程钢铁企业竞争力不足。2019 年，中国、欧盟、美国、日本等 8 个主要钢铁生产国家和地区废钢应用量合计 4.91 亿吨，平均废钢比为 32.0%，而我国废钢比仅为 21.7%[①]，总体废钢利用水平仍然偏低，短流程炼钢的发展仍受到废钢资源不足和用电成本较高等因素制约。

2. 全面实现超低排放改造仍存在较大资金缺口

根据中国钢铁工业协会数据，截至 2023 年 7 月，钢铁行业完成和正在实施超低排放改造的产能占全国总产能的 61%，距离"到 2025 年底前，全国 80% 以上产能完成改造"的目标仍有差距。钢铁企业超低排放改造最大的难题是资金问题，绝大部分企业的全流程超低排放改造

---

① 《废钢铁产业"十四五"发展规划》，2021 年 9 月 30 日，http：//www.scykjt.cn/？Article217/526.htm。

资金投入达到数十亿元。我国钢铁行业若全面实现超低排放改造需投资2600 亿元，每年增加运行费用 500 亿元以上。① 中国钢铁工业协会发布的数据显示，截至 2022 年 10 月底，全国基本完成主体改造工程的钢铁产能已近 4 亿吨，累计完成超低排放改造投资超过 1500 亿元。2025 年之前要完成 8 亿吨钢铁产能改造，还有约 4 亿吨待实施，按平均每吨钢投资 360 元计，需要新增投资约 1440 亿元。

3. 非重点地区排放强度普遍高于重点地区

随着重点地区特别排放限值政策的实施，部分产能向非重点地区转移，钢铁行业排放强度呈现区域差异。虽然河北所在的京津冀通道城市区域产量绝对值最大，但其三项污染物排放强度为中等偏低水平，说明行业治理水平日益提升。而位于非重点区域的地区如江西、广西、四川、云南等地，各项污染物排放强度较高，钢铁企业大气污染防治水平低于重点地区。

4. 企业环保治理成本高，管制政策可持续性难以保障

目前，钢铁企业污染治理以末端设施治理为主，投资大、运行成本高。调研发现，2018 年以来，沙钢共投资约 60 亿元实施环保技改提升项目，永钢近 5 年相继投入约 60 亿元用于厂内烧结烟气火星脱硫脱硝、污水综合治理等环保项目建设。沙钢、迁钢、永钢等企业每年环保设施运行费用分别达到 57 亿元、16 亿元、21 亿元，其中电费分别为 30.6 亿元、8.5 亿元、7.9亿元。近几年，得益于钢铁行业整体效益较好，企业可以保证环保投入，一旦行业效益下滑，环保治理投入和设施运营持续性将受到影响。同时，钢铁企业集中地区污染治理责任重，只能依靠环保部门投入大量人力物力

---

① 《6.2 亿吨粗钢产能将实现超低排放》，2021 年 5 月 31 日，http：//www.ce.cn/cysc/ny/gdxw/202105/31/t20210531_36602879.shtml。

严防死守，以维持环境质量改善成果，环境监管压力巨大。

二 财政政策进展和存在问题

（一）政策进展

工业废气治理投资与大气污染物治理水平呈正相关，环保补贴、技改补贴、科技支持等补助作为企业获得的专项资金，可以直接用于环保投资和设备改造升级。

财政补贴对钢铁行业大气污染物减排、治理起到积极作用。"十二五"期间，钢铁行业共淘汰炼铁产能 9089 万吨、炼钢产能 9486 万吨。以干熄焦、干法除尘、烧结脱硫、能源管控中心为代表的节能减排技术在行业广泛应用。重点大中型企业吨钢综合能耗（折合标准煤）由 605 千克下降到 572 千克，吨钢二氧化硫排放量由 1.63 千克下降到 0.85 千克，吨钢烟粉尘排放量由 1.19 千克下降到 0.81 千克，吨钢耗新水量由 4.10 吨下降到 3.25 吨，达到"十二五"规划目标。钢铁能源消耗总量呈下降态势。[1]"十三五"期间，钢铁行业产能严重过剩总量供需基本恢复平衡，1.5 亿吨钢铁去产能目标提前完成，重点大中型企业吨钢综合能耗较 2015 年下降 4.7%，吨钢二氧化硫排放量较 2015 年下降 46%，总体达到世界先进水平。[2] 炼钢累计消耗废钢铁 8.74 亿吨，平均废钢比为 18.8%，比"十二五"时期提高 7.5 个百分点，与用铁矿石炼钢

---

[1] 《钢铁工业调整升级规划（2016-2020 年）》，2017 年 6 月 21 日，https://www.ndrc.gov.cn/fggz/fzzlgh/gjjzxgh/201706/t20170621_1196816.html。

[2] 《"十四五"原材料工业发展规划》，2021 年 12 月 29 日，https://www.gov.cn/zhengce/zhengceku/2021-12/29/5665166/files/90c1c79a00b44c67b59c29392476c862.pdf。

相比累计节约 14.86 亿吨铁精粉，节能 3059 亿千克标煤，减少 13.98 亿吨二氧化碳和 26.2 亿吨固体废弃物排放，节能减排效果显著。①

（二）存在的问题

1. 受地方保护主义制约，财政补贴影响钢铁化解过剩产能进程

各地基于经济发展、财政收入和稳就业等因素考量，难以割舍对钢铁产业的依赖。尤其是在钢铁市场位于下行区间时，地方政府倾向于给予钢铁企业高比例的财政补贴以使其维持经营，极大影响了市场在资源配置中的决定作用，令钢铁去产能的进程减缓。我国钢铁行业仍处于产能过剩的阶段，通过财政补贴、政府奖励、贷款贴息等手段获得的政府补助直接记入当期损益，影响企业当年盈亏，甚至破坏市场平衡，对于发挥市场调节作用、淘汰落后产能并不能起到积极作用。以凌钢股份为例，凌钢拥有钢铁产能 600 万吨，属于一家中型钢铁企业，曾连续 30 多年保持朝阳市第一纳税大户的地位。2015 年，在行业低迷时期，其公告获得的 7.9 亿元财政补助来自辽宁省朝阳市财政局，金额远超凌钢过去三年任何一年获得的政府补贴上限。②

2. 财政补贴对市场调节机制也造成一定影响

财政补贴、政府奖励、贷款贴息等政府补助直接记入当期损益，影响企业当年盈亏，对于发挥市场调节作用、淘汰落后产能并不能起到积极作用，对大气污染物排放控制也产生一定影响。以获得较多财政补贴

---

① 《废钢铁产业"十四五"发展规划》，2021 年 9 月 30 日，http://www.scyjkt.cn/? Article217/562.htm。

② 《63 家上市公司暴露环境风险 宝钢股份旗下公司未批先建被罚超 80 万》，2022 年 1 月 16 日，http://finance.ce.cn/stock/gsgdbd/202201/16/t20220116_ 37260649. shtml。

的宝武集团为例，2021 年 12 月 7 日，执法人员对该公司进行现场检查，发现上海梅山钢铁股份有限公司（隶属上市公司宝钢股份）改造建设存在未批先建情况，"热轧产品质量提升改造项目"于 2020 年 9 月开工建设，2021 年 6 月建成，未取得环评批复手续，被处以 85.33 万元的罚款。除上述公司外，宝钢股份旗下多家公司出现环境违法情况，如硅钢部 C302 机组拉矫除尘排口（DA442）超标排放大气污染物，被处以 28 万元罚款；截至 2022 年 7 月的近三个月，其旗下子公司自动监测数据超标多达 11 次。

3. 财政资金向短流程炼钢产能倾斜力度不足

财政补贴向短流程炼钢企业的倾斜比例不足，且存在审核流程较长、企业难以获得相应奖励等问题。据 2022 年 Mysteel 调研数据，广东省 25 家样本短流程企业中，处于亏损状态的有 16 家，占比高达 64%；仅有 2 家企业处于持平状态，占比 8%；另有 7 家企业今年以来因不同原因均已处于停产状态。[①]

三 价格政策进展和主要问题

（一）差别化电价政策进展

目前我国正在执行的针对钢铁等高耗能行业的市场调节价格，分为差别电价、惩罚性电价和阶梯电价三类。

差别电价政策于 2004 年出台，最初以抑制高耗能行业盲目发展、缓解煤电油运紧张局面、促进经济结构调整和产业技术升级为目标，根据国家发改委发布的《产业结构调整指导目录（2019 年本）》，将钢

---

① 《Mysteel 调研：生产亏损 广东省短流程企业全面减产》，2022 年 3 月 31 日，https：//baijiahao. baidu. com/s？id＝1728776951212066039&。

铁、铁合金、电解铝、电石、烧碱、水泥 6 类高耗能行业划分为限制类、淘汰类行业，执行每千瓦时用电 0.02 元和 0.05 元的加价。2006年，限制类和淘汰类行业加价标准分别提高至 0.05 元和 0.20 元；2010年，进一步提高加价标准至 0.10 元和 0.30 元。2019 年，生态环境部、国家发展和改革委员会、工业和信息化部、财政部、交通运输部联合印发《关于推进实施钢铁行业超低排放的意见》，各省级政府对于未完成超低排放改造钢铁企业，按照超低排放的"有组织排放、无组织排放、清洁运输"三项标准，可在现行目录销售电价或交易电价基础上实行加价政策。有条件的地区应研究基于钢铁企业污染物排放绩效的差别化电价政策，推动钢铁企业进行超低排放改造。

惩罚性电价政策是对能耗（电耗）超过限额标准的企业和产品执行的电价加价。与差别电价相比，惩罚性电价的不同在于与能耗（电耗）直接挂钩，且地方被赋予了制定加价标准的部分权力。2010 年，为了抑制高耗能企业盲目发展，促进经济发展方式转变和经济结构调整，国家发展改革委、国家电监会、国家能源局联合印发《关于清理对高耗能企业优惠电价等问题的通知》，对能源消耗超过国家和地方规定的单位产品能耗（电耗）限额标准的产品实行惩罚性电价，超过限额标准 1 倍以上的比照淘汰类电价加价标准执行；超过限额标准 1 倍以内的由地方相关部门制定加价标准。

阶梯电价政策是与能耗（电耗）直接挂钩的、具有全国统一标准的、呈现阶梯式特征的差别化价格政策。阶梯电价政策与能耗挂钩核算（区别于差别电价），且地方政府不参与标准制定（区别于惩罚性电价）。从2013 年起，电解铝、水泥、钢铁 3 个行业先后出台了阶梯电价政策。对于钢铁行业，2016 年国家发改委等部门发布《关于运用价格手段促进钢铁行业供给侧结构性改革有关事项的通知》（发改价格〔2016〕2803 号），要求结合《粗钢生产主要工序单位产品能源消耗限额》（GB 21256—2013），对执行差别电价政策以外的钢铁企业，实行基于粗钢生产主要工序单位产品能耗水平的阶梯电价政策。设定三档电价，其中第一档不加价，第二档每千瓦时加价 0.05 元，第三档每千瓦时加价 0.1 元。

近年来，生态环境部、国家发改委等部门按照突出重点、稳步推进的原则，积极指导钢铁产能集中省份出台实施钢铁企业差别化电价和水价政策。通过实施差别化价格政策，鼓励"先进"、鞭策"后进"，推动钢铁企业进行超低排放改造。河北、山东、河南、江苏、山西、浙江等七省已发布并开始实施钢铁行业超低排放差别化电价、水价政策。

从执行方式上看，山西省、江苏省、山东省生态环境部门制定执行差别化电价的企业和项目清单，由各级发改部门向电力公司出台钢铁企业超低排放差别化电价政策，要求清单企业生产用电执行加价，国网省电力公司按相关标准收取加价电费。各省对逾期未按要求完成超低排放改造的钢铁企业，根据改造任务完成情况，实行网购电加价、外购自来水加价，倒逼企业提高改造积极性。

从加价标准来看，河北省对逾期未完成超低排放改造的企业实行统一加价 0.1 元/千瓦时，加价力度最强。从实行进度看，江苏省、浙江省设置了从 2021 年到 2025 年的逐年加大力度的梯度加价标准。浙江省针对长流程和短流程设计不同的加价标准，时序上短流程钢铁企业先于长流程钢铁企业实施。河南省除了设置用电加价外，还设计了用水加价。

重点省区钢铁行业超低排放差别化电价、水价政策出台情况见表 3-1。

表 3-1 重点省区钢铁行业超低排放差别化电价、水价政策出台情况

省区	相关政策	发布日期	重点内容
河北	《关于对逾期未完成超低排放改造的钢铁等企业实行差别化电价政策的通知》（冀价管〔2018〕120号）	2018年9月6日	对逾期未完成超低排放改造的钢铁、焦化、水泥、玻璃企业，在现行目录销售电价或市场交易电价基础上实行差别化电价政策，加价标准为每千瓦时0.1元
	《支持重点行业和重点设施超低排放改造（深度治理）的若干措施》（冀政办字〔2020〕81号）	2020年5月25日	
山东	《关于钢铁企业超低排放差别化电价政策有关事项的通知》（鲁发改价格〔2022〕350号）	2022年4月25日	企业"有组织排放、无组织排放、清洁运输"其中一项未达到超低排放要求的，用电价格每千瓦时加价0.01元（含税，下同）；两项未达到超低排放要求的，用电价格每千瓦时加价0.03元；三项未达到超低排放要求的，用电价格每千瓦时加价0.06元。完成全部超低排放改造的，用电不加价
河南	《关于对钢铁、水泥企业试行超低排放差别化电价、水价政策推进环境空气质量持续改善的通知》（豫环文〔2020〕81号）	2020年7月1日	企业"有组织排放、无组织排放、清洁运输"其中一项未达到超低排放要求的，用电价格每千瓦时加价0.01元（含税，下同），用水价格每立方米加价0.05元（含税，下同）；两项未达到超低排放要求的，用电价格每千瓦时加价0.03元，用水价格每立方米加价0.08元；三项均未达到超低排放要求的，用电价格每千瓦时加价0.06元，用水价格每立方米加价0.1元。完成全部超低排放改造的，用电、用水不再加价

续表

省区	相关政策	发布日期	重点内容
江苏	《关于对钢铁企业实施超低排放差别化电价政策的通知》（苏发改价格发〔2020〕1135号）	2020年10月14日	2021年"有组织排放、无组织排放、清洁运输"未达标分别按照0.01元/千瓦时、0.005元/千瓦时、0.003元/千瓦时标准加价。2022年"有组织排放、无组织排放、清洁运输"未达标分别按照0.015元/千瓦时、0.01元/千瓦时、0.005元/千瓦时标准加价。2023~2025年"有组织排放、无组织排放、清洁运输"未达标分别按照0.02元/千瓦时、0.015元/千瓦时、0.01元/千瓦时标准加价
	《关于对钢铁企业执行超低排放差别化电价的通知》（苏发改价格发〔2021〕208号）	2021年3月3日	
山西	《关于钢铁企业试行超低排放差别化电价政策的通知》（晋环大气〔2020〕76号）	2020年12月7日	企业"有组织排放、无组织排放、清洁运输"中，有一项未达到超低排放要求的，用电价格每千瓦时加价0.01元；两项未达到超低排放要求的，用电价格每千瓦时加价0.03元；三项未达到超低排放要求的，用电价格每千瓦时加价0.06元。完成全部超低排放改造的，用电不加价
	《关于钢铁企业试行超低排放差别化电价的通知》（晋发改商品发〔2021〕37号）	2021年1月27日	
浙江	《关于对钢铁行业实施超低排放差别化电价政策的通知》	2021年8月23日	对全省未完成"有组织排放、无组织排放、清洁运输"全流程超低排放改造和评估监测的钢铁企业，以及改造后未达到超低排放要求的钢铁企业，其全部购电量（含市场化交易电量）实行分类别分阶段分项目加价政策
内蒙古	《关于调整部分行业电价政策和电力市场交易政策的通知》（内发改价费字〔2021〕115号）	2021年2月1日	对钢铁等8个行业实行差别电价政策。2021年征收标准为限制类每千瓦时0.1元、淘汰类每千瓦时0.3元（水泥每千瓦时0.4元、钢铁每千瓦时0.5元），2022年、2023年差别电价的加价标准，在现行水平的基础上分别提高30%、50%

（二）差别化电价政策存在的问题

1. 地方无差别的电价优惠不利于引导企业绿色低碳发展

差别化电价的发展史，也是限制地方优惠电价的规范史。早在 2006 年差别化电价政策形成初期，国家就开始着手规范。2010 年，为了抑制高耗能企业盲目发展，促进经济发展方式转变和经济结构调整，国家发展改革委、国家电监会、国家能源局联合印发《关于清理对高耗能企业优惠电价等问题的通知》，明确"取消对高耗能企业的用电价格优惠"。2011 年，国家发展改革委发布《关于整顿规范电价秩序的通知》，重申"坚决制止各地自行出台优惠电价措施"，地方政府及相关部门不能擅自制定调整电价、不能自行出台并实施优惠电价措施，也不能以其他名义变相降低企业用电价格。2021 年，中共中央、国务院发布《关于完整准确全面贯彻新发展理念做好碳达峰碳中和工作的意见》，再次强调，严禁对高耗能、高排放、资源型行业实施电价优惠。

虽然中央明令禁止，但在实际操作中，一些地方以电力用户与发电企业直接交易、双边交易等名义变相对高耗能企业实行优惠电价的做法仍屡禁不止。例如，2013 年陕西榆林开始建立"低电价区"，明确电网企业销售给当地高耗能企业的用电成本为 0.391 元/千瓦时，而当时陕西电网销售的大工业用电的电价最低为 0.5251 元/千瓦时。审计署曾在 2017 年 8 月发布公告称，2015~2016 年，甘肃省在国家多次严禁各地自行对高耗能企业实行优惠电价和电费补贴的情况下，仍违规出台优惠电价政策，对甘肃省内电解铝企业用电给予电费补贴 2.4 亿元。①

---

① 《高耗能优惠电价全面取消 严格落实水泥等 7 个行业差别电价》，2018 年 7 月 9 日，https://www.sohu.com/a/240083510_649691。

高耗能行业往往是地方经济增长的重要动力，长期以来，基于地方保护主义和发展惯性，地方政府在落实差别化电价的过程中会出现"边加价、边优惠"的问题，地方政府对钢铁企业"无差别"地实施电价优惠，一定程度上扰乱了市场，不利于钢铁落后产能的淘汰和产业结构总体优化。

2. 多重电价政策叠加造成钢铁企业成本压力增大

随着 2021 年下半年电力市场化改革推进，钢铁企业用电价格出现更大幅度的波动。电力市场化改革后，峰谷电价差呈进一步扩大的趋势，部分省份在高峰电价的基础上增加了尖峰电价，部分地区还同时执行丰枯期电价、季节性电价。这些分时电价政策的实施，使得电力时段划分更为分散、复杂。由于钢铁生产具有连续性的特点，生产安排很难避峰就谷，而低谷电价下降的幅度并不能抵消高峰和尖峰电价上涨带来的成本上升。钢企不仅面临用电成本的上涨，还面临"避峰就谷"生产组织和检修安排的难题。

钢企不仅面临正常的电力交易市场价格的波动，还面临差别电价、惩罚性电价、阶梯电价等多种电价。这些电价政策的出台，一定程度上促进了钢铁行业的节能减排和落后产能淘汰，但这些政策在功能上有部分重叠，标准设定也多有交叉，多重政策的叠加造成钢企成本压力增大，不利于钢铁行业转型升级和高质量发展。

3. 缺乏激励短流程炼钢用电生产的价格政策设计

居高不下的电价是制约短流程炼钢发展的重要因素。调研发现，短流程炼钢工序吨钢（粗钢）生产成本为 750~800 元，比长流程转炉炼钢高 300~400 元，其中短流程电价成本为 270 元，占总成本的 30% 以上。此外，由于短流程企业吨钢综合电耗远大于长流程，且约 50% 的长流程企业还配有自备电厂，可以部分缓冲电改后电价上涨及差别电价执行带来的用电成本上涨，差别化电价的执行对短流程企业的影响大于长流程。目前国家以鼓励电炉钢为政策导向，但没有实质性政策优惠。在钢铁市场下跌时期，电炉钢运行难以为继，产能利用率降低，不利于电炉钢企业的长期发展和综合竞争力培育。

四　税收政策进展和主要问题

（一）钢铁减污降碳相关税收政策

目前，我国共有 18 个税种，对钢铁企业征收的税种包括增值税、企业所得税、资源税、城镇土地使用税、城市维护建设税、关税、环境保护税、消费税、土地增值税、印花税等。现阶段，我国钢铁企业税收负担以增值税和企业所得税为主。2017 年，重点大中型钢铁企业累计实现工业增加值 6143.88 亿元，占同期 GDP 的 0.75%；实现税金 1604.57 亿元，占同期国家税收的 1.11%（周勋等，2019）。根据 2019 年 33 家钢铁上市公司的税负统计数据，钢铁上市公司缴纳增值税、企业所得税、消费税、城市维护建设税、教育费附加、资源税、房产税、城镇土地使用税、车船税、印花税等 10 个税种，实际税负率为 2.76%，增值税、企业所得税、税金及附加（消费税、城市维护建设税、教育费附加、资源税、房产税、城镇土地使用税、车船税、印花税等）的税负率分别为 1.75%、0.71%、0.61%，对应占全部税负的 57.07%、23.06%、19.87%。[①] 与减污降碳（短流程炼钢、超低排放）相关的为增值税、企业所得税、关税、环境保护税 4 个税种（见表 3-2）。

[①] 《上市钢企税负虽降仍高，如何破解?》，2020 年 12 月 23 日，http://www.csteelnews.com/sjzx/hyyj/202012/t20201223_44855.html。

表 3-2 钢铁行业减污降碳税收政策一览

序号	税种	税率	条款来源	税收优惠	条款来源
1	增值税	销售额 13%	《中华人民共和国增值税暂行条例》	废钢铁即征即退 30%	《资源综合利用产品和劳务增值税优惠目录（2022 年版）》
				从事再生资源回收的增值税一般纳税人销售其收购的再生资源，可以选择适用简易计税方法依照 3% 征收率计算缴纳增值税，或适用一般计税方法计算缴纳增值税	《关于完善资源综合利用增值税政策的公告》（财政部 税务总局公告 2021 年第 40 号）
				从 2005 年 4 月 1 日起对税则号为 7203、7205、7206、7207、7218、7224 项下的钢铁初级产品，停止执行出口退税政策	《财政部 国家税务总局关于钢铁坯等钢铁初级产品停止执行出口退税的通知》（财税〔2005〕57 号）
				自 2021 年 5 月 1 日起，取消 146 种钢铁产品出口退税	《财政部 税务总局关于取消部分钢铁产品出口退税的公告》（财政部 税务总局公告 2021 年第 16 号）
				自 2021 年 8 月 1 日起，取消 23 种钢铁产品出口退税	《财政部 税务总局关于取消钢铁产品出口退税的公告》（财政部 税务总局公告 2021 年第 25 号）

续表

序号	税种	税率	条款来源	税收优惠	条款来源
2	企业所得税	企业所得25%	《中华人民共和国企业所得税法》（2018年修订）	高新技术企业可享受15%的企业所得税优惠税率	《国家税务总局关于实施高新技术企业所得税优惠政策有关问题的公告》（国家税务总局公告2017年第24号）
				企业购置环境保护、节能节水专用设备的投资额按10%抵免企业所得税税额	《中华人民共和国企业所得税法实施条例》《节能节水专用设备企业所得税优惠目录（2017年版）》《环境保护专用设备企业所得税优惠目录（2017年版）》
				企业从事环境保护、节能节水项目的所得，自项目取得第一笔生产经营收入所属纳税年度起，享受"三免三减半"的优惠政策，即第一年至第三年免征企业所得税，第四年至第六年减半征收企业所得税	《中华人民共和国企业所得税法实施条例》《环境保护、节能节水项目企业所得税优惠目录（2021年版）》

续表

序号	税种	税率	条款来源	税收优惠	条款来源
				企业在 2018 年 1 月 1 日至 2023 年 12 月 31 日期间，新购进的设备、器具，单位价值不超过 500 万元的，允许一次性计入当期成本费用在计算应纳税所得额时扣除，不再分年度计算折旧	《财政部 税务总局关于设备 器具扣除有关企业所得税政策的通知》（财税〔2018〕54 号）
2	企业所得税	企业所得 25%	《中华人民共和国企业所得税法》（2018 年修订）	企业以综合利用资源作为主要原材料，生产国家非限制和禁止并符合国家和行业相关标准的产品取得的收入，减按 90% 计入收入总额	《中华人民共和国企业所得税法实施条例》《资源综合利用企业所得税优惠目录》（2021 年版）》
				制造业企业开展研发活动中实际发生的研发费用，未形成无形资产计入当期损益的，在按规定据实扣除的基础上，自 2021 年 1 月 1 日起，再按照实际发生额的 100% 在税前加计扣除；形成无形资产的，自 2021 年 1 月 1 日起，按照无形资产成本的 200% 在税前摊销。企业可以自主选择就前三季度研发费用享受加计扣除优惠政策	《财政部 税务总局关于进一步完善研发费用税前加计扣除政策的公告》（财政部 税务总局公告 2021 年第 13 号）《国家税务总局关于进一步落实研发费用加计扣除政策有关问题的公告》（国家税务总局公告 2021 年第 28 号）

续表

序号	税种	税率	条款来源	税收优惠	条款来源
3	关税	出口税率：硅铁25%、铬铁40%、高纯生铁20%。进口税率：生铁、粗钢、再生钢铁原料、铬铁等产品实行零进口暂定税率	《国务院关税税则委员会关于进一步调整钢铁产品出口关税的公告》（税委会公告[2021]6号）；《国务院关税税则委员会关于调整部分钢铁产品关税的公告》（税委会公告[2021]4号）	—	—
4	环境保护税	大气污染物1.2~12元/污染当量；水污染物1.4~14元/污染当量；固体废物5~1000元/吨；噪声350~11200元/月	《中华人民共和国环境保护税法》（2018年修订）	纳税人排放应税大气污染物或者水污染物的浓度值低于国家和地方规定的污染物排放标准百分之三十的，减按百分之七十五征收大气环境保护税。企业排放应税大气污染物或者水污染物的浓度值低于国家和地方规定的污染物排放标准百分之五十的，减按百分之五十征收环境保护税。纳税人综合利用的固体废物，符合国家和地方环境保护标准的，暂予免征环境保护税	《中华人民共和国环境保护税法》（2018年修订）

（二）钢铁税收政策成效进展

与减污降碳相关的税收及税收优惠政策通过对钢铁企业实施减污降碳"源头减少、末端增加"的成本激励，使钢铁企业将更多的资金投入产品研发与技术改造建设中，促进钢铁企业减排。

1. 将短流程炼钢、超低排放列入高新技术认定范围，更多企业享受优惠税率

2008 年，科技部、财政部、国家税务总局先后印发《高新技术企业认定管理办法》《高新技术企业认定管理工作指引》，并于 2016 年进行了修订完善。取得高新技术企业证书的企业享受 15% 的企业所得税优惠税率、研发费加计扣除。据统计，2019 年 33 家钢铁上市公司中有 18 家享受了 15% 的企业所得税优惠税率。2020 年 33 家钢铁上市公司中有 63 家子公司取得高新技术企业证书，在研发费加计扣除上取得一定优惠。[①] 根据修订的《高新技术企业认定管理办法》（国科发火〔2016〕32 号），钢铁企业短流程炼钢、超低排放属于高新技术认定范围，具体包括提高资源能源利用效率、促进减排的可循环钢铁流程技术、钢铁企业余热回收利用技术、可循环钢铁冶炼流程工艺技术。

2. 短流程炼钢研发费用加计扣除力度加大，企业所得税税负进一步降低

2022 年 3 月，财政部、税务总局、科技部发布《关于进一步提高科技型中小企业研发费用税前加计扣除比例的公告》，提出自 2022 年 1

---

① 《上市钢企税负虽降仍高，如何破解？》，2020 年 12 月 23 日，http：//www.csteelnews.com/sjzx/hyyj/202012/t20201223_44855.html。

月 1 日起，将科技型中小企业研发费用税前加计扣除比例提高到 100%，废钢利用企业属于优惠范围。6 月，四川省出台《关于开展电炉短流程炼钢高质量发展引领工程的实施方案（征求意见稿）》，明确提出落实好资源综合利用、研发费用加计扣除等税费优惠政策。因进行废钢检验远程化、智能化研发，河钢数字技术股份有限公司 2021 年获得研发费用加计扣除共计 1567 万元，比例达到 75%，实际节约税负超过 350 万元。①

3. 落实钢铁企业节能环保设备抵免，获得企业所得税抵免

2019 年 4 月，生态环境部等 5 部委发布《关于推进实施钢铁行业超低排放的意见》（环大气〔2019〕35 号），提出落实购置环境保护专用设备企业所得税抵免优惠政策。2018~2021 年，河钢宣钢购买节能节水、环境保护、安全生产设备抵减企业所得税 2000 余万元。②

4. 地区对进项增值税简易征收执行不一，多数企业享受废钢增值税即征即退税收优惠

根据 2022 年 4 月 Mysteel 调研数据，国内 66 家准入企业中，有 49 家准入企业可享受增值税即征即退 30% 的税收优惠政策。半数准入企业所在地工商部门允许大量注册个体工商户和小规模纳税人公司，另一半企业所在地尚未大规模放宽，由于政策细则尚未公布，地方工商部门对 40 号财税新政的执行保持谨慎。45 家企业选择注册新公司进而选择

---

① 《【撸起袖子加油干 自己填写成绩单】创新加速度 | 河北：落实落细研发费用加计扣除 释放企业创新活力》，2022 年 10 月 11 日，https://www.hebtv.com/19/19js/zx/lbhj/10935192.shtml。

② 《用好减税降费政策 助推钢企高质量发展》，2022 年 3 月 24 日，http://www.csteelnews.com/special/1281/2022031812/202203/t20220324_61245.html。

简易计税方法，按照3%征收率计算缴纳增值税。其中，有20家企业表示必须在取得进项票的情况下开展业务；4家企业表示可以采取核定征收的方式计税；6家企业表示企业用自制凭证代替进项发票；其余样本企业尚在摸索前进中。

5. 以省级污染排放标准为税收优惠执行条件，超低排放钢铁企业获得大幅税收减免

目前，环境保护税两档浓度税收优惠按照省级污染排放标准执行。2018~2021年，河钢宣钢总计减免环保税2158.93万元。[①] 根据调研数据，2021年，唐山市钢铁行业征收环境保护税17959万元，因企业污染排放低于国家标准而享受环保税税收优惠2995万元，占应纳环境保护税额的14.29%。其中首钢京唐公司征收环境保护税2345.55万元，减免791.8万元，占应纳环境保护税额的25.24%，显著高于唐山市钢铁行业环境保护税税额优惠占比。

（三）钢铁税收政策存在的问题

1. 废钢利用企业取得废钢铁增值税进项票比例不高

根据2022年4月Mysteel调研数据，66家样本企业仅有11家企业可以取得进项票，正常开票销售；40家企业取得部分进项票，低库存观望；12家企业无法取得进项票，暂停生产；3家企业未填数据。其主要原因在于开票将降低废钢回收企业利润。现阶段，作为前端供应商的散户（个体户）和回收站（小规模纳税人）以及加工企业（一般纳税人），每个环节的利润为20~50元/吨，平均约30元/吨。如果散户

---

① 《用好减税降费政策 助推钢企高质量发展》，2022年3月24日，http://www.csteelnews.com/special/1281/2022031812/202203/t20220324_61245.html。

（个体户）去税务局代开票，需要交纳 3% 增值税、1.5%（平均）所得税，合计需要交 4.86% 的税，以废钢 2500 元/吨（不含税）计算，开票每吨交税 121.5 元 ｛[3%×（1+12%）+1.5%]×2500｝，每吨亏损 91.5（121.5-30）元；如果是回收站（小规模纳税人）交纳 3% 增值税，则亏损 45 元/吨（30-3%×2500）。①

2. 废钢增值税即征即退税收优惠政策适用范围狭窄

《资源综合利用产品和劳务增值税优惠目录（2022 年版）》规定，当企业产生的综合利用产品为"炼钢炉料"时，只有产品原料的 95% 以上来自所列资源、炼钢炉料符合《废钢铁》所提技术要求、生产经营满足《废钢铁加工行业准入条件》等时，才可享受 30% 的退税。由于退税要求较为复杂，退税比例低于地方性财政奖励政策的比例，前 8 批的准入企业中，只有约 1/3 的企业可以享受废钢退税优惠政策。②

3. 钢铁生产企业自用废钢铁不享受退税优惠

废钢铁增值税即征即退 30% 税收政策面向废钢铁加工企业，未纳入钢铁企业自用废钢铁。此外，由于钢铁企业处于压产能阶段，自用废钢铁会减少钢铁企业产能。废钢铁纯度不够，难以冶炼出长流程炼钢的高端产品，加上缺少税收优惠政策激励，钢铁生产企业利用废钢铁自主性不够。根据调研数据，以河北唐山为例，全市长流程、短流程炼钢企业分别为 23 家、3 家，3 家短流程炼钢企业 1 家处于停产状态。

---

① 《孙建生：应合理降低废钢行业税负》，2020 年 4 月 10 日，http://www.csteelnews.com/xwzx/djbd/202004/t20200410_29089.html。

② 《开票难、"税收洼地"引发系列问题，废钢行业税收难题如何破局?》，2021 年 12 月 15 日，http://www.csteelnews.com/xwzx/jrrd/202112/t20211215_57833.html。

4. 废钢回收加工企业所得税核定困难

近年来，由于废钢回收加工企业难以取得进项发票，企业所得税难以认定，在地方税务局默许的情况下，多数企业采用收购发票、自制凭证、核定征收等方法核定所得税成本，这给企业带来了巨大的税务风险。同时，废钢回收加工环节税负较高，加上受地方政府招商引资政策带来的"税收洼地"影响，废钢回收加工企业"脱实向虚"、异地注册、"票货分离"现象突出，从而推高了钢铁企业的用废成本，无法有效提高钢企在铁矿石贸易中的议价能力。①

五　金融政策进展和主要问题

（一）政策进展

当前，国内绿色金融领域尚在实行的对绿色项目的界定标准主要参考国家发展改革委与工业和信息化部等七部门联合印发的《绿色产业指导目录（2019 年版）》，这是我国绿色金融标准体系中的一部纲领性文件，也是目前国内商业银行绿色贷款界定的主要参考依据。对绿色行业认定有两套体系，分别是中国人民银行认定口径和银保监会认定口径。其中，中国人民银行认定口径是中国人民银行于 2019 年 12 月印发的《绿色贷款专项统计制度》，银保监会认定口径是银保监会于 2020 年 6 月印发的《绿色融资统计制度》。关于绿色债券的认定主要依据中国人民银行、国家发展改革委与证监会联合发布的《绿色债券支持项目目录（2021 年版）》。各目录或制度与钢铁行业绿色低碳发展方向相关的具体规定见表

① 《开票难、"税收洼地"引发系列问题，废钢行业税收难题如何破局?》，2021 年 12 月 15 日，http://www.csteelnews.com/xwzx/jrrd/202112/t20211215_57833.html。

3-3。总的来说，以钢铁行业企业为基础建立跨行业产业链接、废钢铁集中拆解处理、钢铁园区清洁生产改造、钢铁行业烧结机脱硫技术改造以及钢铁企业超低排放改造等项目是绿色金融支持的方向。相较绿色贷款来说，绿色债券将二氧化碳捕集、利用与封存工程的建设和运营纳入支持范围。

表 3-3　支持钢铁行业绿色低碳发展的项目方向

文件名称	项目领域	相关规定
《绿色产业指导目录（2019 年版）》	2.1.1　园区产业链接循环化改造	以钢铁行业企业为基础建立跨行业产业链接，实现废弃物最小化或能源梯级利用
	2.1.3　园区污染治理集中化改造	废弃可再生资源（如废钢铁、废有色金属、废塑料、废橡胶）集中拆解处理和集中污染治理
	2.1.4　园区重点行业清洁生产改造	钢铁园区清洁生产改造。需符合《钢铁行业清洁生产评价指标体系》要求
	2.3.1　工业脱硫脱硝除尘改造	钢铁行业烧结机脱硫改造。改造后大气污染物排放符合《钢铁烧结、球团工业大气污染物排放标准》
	2.3.4　钢铁企业超低排放改造	包括钢铁生产工艺脱硫脱硝设施升级改造、加装低氮燃烧设备、加装高效除尘设施、生产车间和出渣处理设备封闭改造、酚氰废水处理设施升级改造、设备和管线排放泄漏检测与修复等

文件名称	项目领域	相关规定
《绿色贷款专项统计制度》	与《绿色产业指导目录（2019年版）》一致	
《绿色融资统计制度》	*2.1.1 产业园区资源循环利用升级* （1）园区产业链接循环化改造	以钢铁行业企业为基础建立跨行业产业链接，实现废弃物最小化或能源梯级利用
	2.1.2 产业园区环保升级 （1）园区污染治理集中化改造	废弃可再生资源（如废钢铁、废有色金属、废塑料、废橡胶）集中拆解处理和集中污染治理
	2.1.2 产业园区环保升级 （2）园区重点行业清洁生产改造	钢铁园区清洁生产改造。需符合《钢铁行业清洁生产评价指标体系》要求
	2.3.1 生产过程废气处理处置 （1）工业脱硫脱硝除尘改造	钢铁行业烧结机脱硫改造。改造后大气污染物排放符合《钢铁烧结、球团工业大气污染物排放标准》
	2.3.1 生产过程废气处理处置 （4）钢铁企业超低排放改造	包括钢铁生产工艺脱硫脱硝设施升级改造、加装低氮燃烧设备、加装高效除尘设施、生产车间和出渣处理设备封闭改造、酚氰废水处理设施升级改造、设备和管线排放泄漏检测与修复等
	2.3.2 生产过程废气资源化利用	包括钢铁企业高炉煤气、焦炉煤气、转炉煤气余热余压回收资源化利用；化工生产过程中可燃性废气回收资源化利用
	2.5.1 生产过程废渣处理处置 （1）工业固体废弃物无害化处理处置	钢铁厂生产过程中，伴生的废渣的无害化处理

文件名称	项目领域	相关规定
《绿色债券支持项目目录（2021年版）》	2.1.1.1　工业脱硫脱硝除尘改造	钢铁行业烧结机脱硫技术改造，并符合《钢铁烧结烟气脱硫除尘装备运行效果评价技术要求》（GB/T 34607）
	2.1.1.3　钢铁企业超低排放改造	钢铁企业生产工艺脱硫脱硝设施升级改造，如生产线相关设备加装低氮燃烧器、高效除尘设施等；生产车间和出渣处理设备实施封闭改造、酚氰废水处理设施升级改造，设备和管线排放泄漏检测与修复等，并符合《高炉干法除尘灰回收利用技术规范》（GB/T 33759）等国家标准的要求
	2.1.3.1　园区污染治理集中化改造	废弃可再生资源（如废钢铁、废有色金属、废塑料、废橡胶）集中拆解处理和集中污染治理设施建设运营
	2.1.3.2　园区重点行业清洁生产改造	工业园区钢铁等高污染重点行业企业及园区清洁生产改造，实现环境改善、降低温室气体排放和资源节约高效利用
	2.3.2.1　园区产业链接循环化改造	在工业园区内，以钢铁行业企业为基础建立跨行业产业链接，实现最大化的废弃物资源接续利用，实现废弃物循环利用，或能源梯级利用的技术改造活动
	3.2.3.6　二氧化碳捕集、利用与封存工程建设和运营	对化石能源燃烧和工业过程排放的二氧化碳进行捕集、利用或封存的减排项目建设和运营
	6.2.2.4　碳排放权交易服务	基于减排项目的温室气体减排量评估工作参照《基于项目的温室气体减排量评估技术规范钢铁行业余能利用》（GB/T 33755）等国家标准的要求

注：《绿色融资统计制度》《绿色债券支持项目目录（2021年版）》与《绿色产业指导目录（2019年版）》不一致的主要内容用斜体注明。

（二）存在问题

1. 金融机构对钢铁企业融资需求普遍较为谨慎

在当前政策体系下，许多金融机构为钢铁行业绿色低碳转型活动提供金融服务时有所顾虑。基于目前的界定标准、披露要求等要素，银行业金融机构无法准确识别某一经济活动是否属于"绿色低碳转型"活动，为了避免麻烦和风险，对相关绿色低碳转型活动往往避而远之。绿色信贷对企业超低排放改造、节能低碳技术的支持力度不足，信贷支持钢铁行业绿色低碳转型的实践，基本上属于金融机构基于自身理解和"单打独斗"创造的"个例"。

在信贷支持钢铁行业绿色低碳转型工作实践中，普遍存在看总量不看增量、看结构不看整体、看企业不看项目等问题。金融机构对钢铁行业普遍实行总量控制、限额管理的授信政策，如果某一钢铁企业有绿色低碳转型资金需求，金融机构通常不会争取新的额度，而是在企业自身授信额度内或在不同企业额度间腾挪，难以满足大规模的绿色低碳转型融资需求。

金融机构会有选择地将资源向优质龙头企业倾斜，许多电炉短流程炼钢企业规模相对较小，获贷难度相对较大。部分金融机构在审核钢铁企业项目资金申请时，首先考察的是企业所属行业是否为可支持行业、企业本身是否为可支持企业，而非项目本身是否符合政策导向、是否有良好的投资回报。

2. 相对烦琐的审贷流程与钢铁企业绿色低碳转型项目较短时间周期不相适应

金融监管部门对银行业金融机构的绿色贷款和绿色融资有着严格的

统计制度，对于传统高污染、高耗能行业的钢铁行业的政策管控更加严格。要求各银行业金融机构在审批新的信贷项目时，严格落实国家产业政策和环保政策的市场准入要求，严格审核高耗能、高排放企业的融资申请，对属于产能过剩的产业项目，要从严审查和审批贷款，授信权限一般上收到总行。因此，相较于一般性融资，绿色融资审贷流程相对烦琐，所需周期更长。而钢铁企业绿色低碳转型项目有政策时限，一般时间紧迫，周期很短，企业多半会选择自有资金，尽快完成改造项目，不会利用银行业金融机构的融资渠道。调研发现，河北省唐山市首钢京唐、首钢迁安、纵横钢铁、瑞丰钢铁的超低排放改造等绿色低碳项目资金均来自企业自筹，没有因钢铁绿色发展技术享受过银行的绿色贷款，也没有发行过绿色债券。调研发现，唐山丰南纵横码头有限公司向中国农业银行唐山分行申请8亿元资金，用于建设"唐山港丰南港区河口码头区通用码头工程项目"，虽然该项目通过采用水运将有效减少汽运带来的环境污染，但仍采用固定资产贷款，而没有走绿色贷款通道，也没有享受到绿色贷款的优惠利率。

3. 绿色金融支持钢铁行业减污降碳的资金投入缺口较大

银行业金融机构对钢铁行业的绿色信贷门槛较高，调控受限、调控不及时。钢铁行业碳减排技术路径不明确，低碳发展关键技术缺乏突破，银行投资面临不确定性风险，这些都对银行业金融机构投向钢铁行业减污降碳的资金总额产生不利影响。据中金公司测算，钢铁行业"碳达峰碳中和"所需要的投资总量在2021~2030年为1.1万亿元，2030~2060年为2万亿元，现阶段我国传统绿色金融仅支持了约7%的经济活动，根本无法满足钢铁行业庞大的转型资金需求，钢铁行业减污降碳的投资需求与实际投资的资金相差较大。①

4. 金融现有标准体系不利于支持传统行业实现"双碳"目标

当前绿色金融的绿色标准不能准确地反映减污降碳需求。如银行发放绿色信贷的依据是《绿色产业指导目录（2019 年版）》，仅有废钢铁集中拆解处理、钢铁园区清洁生产改造、钢铁行业烧结机脱硫技术改造以及钢铁企业超低排放改造等项目是绿色金融支持的方向。绿色债券将二氧化碳捕集、利用与封存工程的建设和运营纳入支持范围。但有利于钢铁绿色发展的电炉钢、低碳冶金等技术尚未纳入目录。

在推动"双碳"目标实现过程中，不仅要关注绿色低碳产业发展，还应高度关注高碳行业面临的转型阵痛。转型金融是绿色金融概念的补充和延伸，主要为高碳"棕色"产业向低碳或零碳转型提供资金融通。相较于绿色金融，转型金融支持范围更广，更侧重满足电力、石化、钢铁等高碳行业低碳转型的资金需求，有助于高能耗、高污染、高排放行业的企业在绿色转型趋势下实现减污降碳"软着陆"。但目前转型金融面临转型经济活动的界定标准缺乏顶层设计、契合"双碳"目标的创新性工具相对匮乏、协同配套的政策力度不够等诸多挑战。

六　钢铁行业绿色发展经济政策建议

"十四五"时期，钢铁行业进入高质量发展新阶段，仍存在尚未全面完成超低排放改造、短流程炼钢发展规模占比仍然偏低、绿色低碳发展水平有待提升等问题。与此同时，钢铁产品需求将达到或接近峰值平

---

① 《碳中和之绿色金融：以引导促服务，化挑战为机遇》，2021 年 4 月 1 日，https：// zhuanlan. zhihu. com/p/361596302？ utm_id＝0。

台期，规模数量型需求扩张动力趋于减弱，行业效益增长动力不足。面临生态环保新形势新要求，单一的行政管制型政策措施作用有限，应充分发挥市场化机制对行业绿色发展的引导和激励作用，完善促进钢铁行业减污降碳的相关经济政策。

（一）研究制定针对超低排放项目的优先财政支持政策，加强地方财政资金的督查管理，有序引导地方财政向钢铁节能减排领域倾斜

"十四五"期间，钢铁行业财政政策应侧重规范和引导，有序推进财政资金向超低排放改造项目倾斜。

一是加大对钢铁行业节能减排的奖补力度。鼓励地方积极争取国家对钢铁绿色制造体系建设的资金和政策支持，统筹用好中央和省绿色低碳转型财政补贴，加大对企业先进节能低碳技术创新的专项资金支持、补助和奖励，鼓励企业在氢冶金、富氧燃烧等先进节能低碳技术领域开展创新。

二是提高地方钢铁财政补贴的规范性和透明度。加强钢铁行业财政奖补管理，在法治化轨道上推动补贴合理发放、使用，确保财政补贴向钢铁超低排放改造项目倾斜。由省级政府推动、财政部门牵头，试点设立政府钢铁产业专项基金。同时，政府也应向社会公众公开补贴项目、申报时间、申报标准以及补贴金额用途等，接受公众监督，提高补贴的规范性和透明度。

三是加强对地方财政补贴资金的督查管理。严格规范中央和地方专项财政资金使用，畅通信息渠道、增强上下级协调联动，有效共享资金信息，加强财政补贴资金的动态管理，核实被补贴企业信息数据库，严格禁止对落后钢铁产能和未完成超低排放改造的企业进行财政补贴。

四是简化针对超低排放项目补贴的审核流程。对符合奖补条件的钢铁企业，建议相关部门开通补贴资金专项账户，加强自动监测数据、用水用电用能数据互通，联网核验污染减排、节能改造进展，简化超低排放改造和先进高端产能的补贴审核流程，缩短发放周期。

（二）优化整合差异化价格标准，加强阶梯电价与钢企能耗和碳排放的挂钩，研究针对短流程炼钢的价格优惠政策

"十四五"期间，钢铁行业价格政策应侧重整合与衔接，形成导向清晰、激励有效的钢铁绿色电价体系。

一是深化价格机制改革，建立统一的钢铁行业阶梯电价制度。对加价执行标准进行系统性优化，整合差别电价、阶梯电价、惩罚性电价等针对钢铁企业的电价政策，加强价格政策对能效不达标钢铁企业生产成本产生的精准调控作用。用有效的价格政策正向引导钢铁行业低碳转型，对能效达到基准水平或标杆水平企业用电不加价，未达到的根据能效水平差距实行阶梯电价，加价电费用于支持企业节能减污降碳技术改造。

二是规范电价秩序，建立鼓励先进的分档动态调整价格机制。严格禁止各地变相针对不符合超低排放标准的钢铁企业实行电价优惠，规范落实绿色电价政策。通过对标先进能耗、碳排标准，建立分档的动态调整价格标准，以充分发挥价格杠杆对产业转型升级的倒逼作用，促使高耗能企业加大节能减排技术、资金投入，降低单位产品能耗、碳排放。

三是创新价格机制，加快制定电炉钢原料和用电的价格优惠政策。探索针对全废钢电炉钢企业实施用电价格优惠政策，降低短流程钢铁企业回收废钢价格，从而降低电炉钢生产成本。制定出台对长流程企业转炉非必要使用废钢的相关惩罚性价格政策，减少长流程对短流程炼钢的原料竞争，引导废钢资源流向全废钢电炉钢企业。

四是发挥政策合力，将绿色电价与电力、碳交易市场衔接。借鉴电解铝行业经验，将加价标准与可再生能源利用比例挂钩，当钢铁企业使用绿色电量占比提高到一定水平时，相应降低阶梯电价加价标准。打通阶梯电价机制与绿色电力和碳交易市场机制，对缴纳加价电费不及时、节能目标未完成的企业，限制其进入电力市场和碳交易市场开展交易。

（三）完善对绿色低碳钢铁企业的税收减免政策，落实废钢回收流程的税收优惠政策，扩展废钢资源综合利用优惠范围

"十四五"期间，钢铁行业税收政策应侧重调整和加强，完善和落实针对超低排放改造和废钢加工回收的优惠政策。

一是降低废钢回收前端供应商增值税税负。降低电炉钢上游供应商废钢回收加工企业的增值税和所得税税率。引导前端供应商主动开票时按销售价计算交纳额。对个体户等小规模废钢回收个体纳税给予一定的宽限期。引导废钢资源适度向电炉钢企业倾斜，对电炉钢企业采购民间废钢资源，税务局优先发放进项凭证，作为列支成本抵扣。对于进口国外废钢加工设备、进口国外废旧汽车和废旧船舶等实行减免税的鼓励政策。

二是加大废钢增值税即征即退优惠力度。将满足《废钢铁加工行业准入条件》、未纳入工信部钢铁企业名单但从事高端高合金特钢和合金粉末钢生产的企业纳入资源综合利用增值税即征即退优惠范围。建议进一步修订财税〔2015〕78号文件中废钢准入企业即征即退的优惠政策，将30%比例提高到70%。

三是拓展企业所得税税收优惠方式。在全国范围内统一和规范废钢加工企业所得税的核定方法，统一和规范各地税收优惠力度，实行扩大扣除范围、延期纳税等多种所得税优惠形式。将废钢铁资源纳入资源综合利用所得税优惠目录，减免所得税，提高废钢铁收购散户和中小规模废钢铁加工企业开票积极性，创造废钢市场公平竞争环境。

（四）制定转型金融产品相关标准，畅通金融机构与企业供需对接渠道，缩短钢铁超低排放改造和低碳项目的审贷周期

"十四五"期间，钢铁行业金融政策应侧重畅通与对接，引导银行业金融机构开发针对超低排放改造和短流程炼钢项目的转型金融产品。

一是引导金融机构积极向环境绩效好、完成超低排放改造的钢铁企业提供综合性金融服务。参照绿色金融有关经验，尽快出台金融支持高碳行业绿色低碳转型的指导意见，在转型标准、产品工具、披露要求、评价指标、绩效考核及激励措施等方面给出具体要求和明确指引。建议国家发展改革委等有关部门牵头制定《高碳行业绿色低碳转型指导目录》，进一步细化明确信贷可支持的行业，降低金融机构对转型活动的识别成本，实现精准对接。工信部门探索建立钢铁等重点行业绿色发展项目库，定期梳理减碳效应显著、绿色低碳转型路径清晰的项目清单，形成可供金融机构对接的目标资源库。

二是鼓励金融机构开发针对钢铁行业绿色改造的转型金融产品。中国人民银行探索通过优先办理再贷款再贴现、实行差别化存款准备金率、增加碳减排支持工具等方式，对大力支持钢铁行业绿色低碳转型的金融机构给予定向支持。金融机构探索推出与碳足迹以及钢铁企业绿色低碳转型挂钩的金融产品，如在负债端发行钢铁行业碳减排主题债券、碳项目收益债等，在资产端探索碳资产质押贷款、碳收益支持票据等，在中间业务端为钢铁企业绿色项目提供碳基金、碳保险等金融服务，满足钢铁企业绿色低碳转型的多元融资需求。

三是完善钢铁行业相关的绿色金融服务标准。建议国家发展改革委等有关部门在修订完善《绿色产业指导目录》，金融监管部门在据此更新《绿色贷款专项统计制度》《绿色融资统计制度》《绿色债券支持项目目录》中与钢铁相关的内容时，将支持钢铁行业减污降碳的高炉大比例球团冶炼技术、高废钢比冶炼技术、烧结机耦合节能降碳技术、钢铁制造流程能源高效转换及余热余能极限回收利用技术、钢铁工业尾气生物发酵法制取燃料乙醇技术、二氧化碳捕集利用与封存技术、开发低损耗高性能低碳产品等纳入支持范围。

四是缩短钢铁超低排放改造和低碳项目的审贷周期。畅通机制，利用项目清单为钢铁企业绿色低碳转型项目开辟绿色通道，调整审批流程，尽量缩短审贷周期，尽力解决相对烦琐的审贷流程与钢铁企业绿色低碳转型项目紧迫的时间不匹配问题。

第二节　新能源汽车行业

发展新能源汽车是推进交通运输减污降碳协同增效，加快构建以国内大循环为主体、国内国际双循环相互促进的新发展格局的重要举措。当前，我国新能源汽车行业技术水平显著提升、体系日趋完善、企业竞争力大幅增强，进入市场驱动高质量发展新阶段，但仍然面临重点领域推广应用不足、产业链碳排放向上游转移、绿色低碳标准缺失等问题。

本节聚焦新能源汽车行业发展和推广使用领域存在的问题，分析环境经济政策对新能源汽车行业绿色低碳发展的作用并提出相关建议，为战略性新兴行业绿色发展相关环境经济政策的制定提供参考。

一　绿色发展现状与挑战

（一）行业发展现状

"十四五"期间，我国新能源汽车行业由高速发展向高质量发展转变，进入由政策引导向市场驱动转变的攻坚期。从政策上看，国家继续以促进消费为重点引导新能源汽车市场的发展。2022年8月，国务院常务会议决定将新能源汽车免征车购税政策延续至2023年底，继续予以免征车船税和消费税、路权、牌照等支持，消费者对新能源汽车的认可度大幅提高。中国汽车工业协会数据显示，2021年，国内新能源汽车销量整体保持高速增长趋势，新能源汽车销量为352.1万辆，同比增长160%，1~11月累积销量渗透率提升至12.7%。2022年1~7月，新能源汽车产量为327.9万辆，同比增加1.2倍，市场占有率达到22.1%。其中，纯电动汽车和燃料电池汽车产量分别为257.4万辆、2094辆，同比增加1.0倍、2.1倍。公安部交通管理局数据显示，截至2022年6月底，我国新能源汽车保有量达1001万辆，占汽车总量的3.23%，其中纯电动汽车保有量810.4万辆，占新能源汽车总量的80.93%。

（二）减污降碳效益

相比传统燃油车，电动汽车具有显著的碳减排效益。乘用车方面，按照2021年底新能源乘用车保有量784万辆计算，电动汽车每年在使用环节减少碳排放 1500 万吨左右。① 商用车方面，每辆纯电动轻卡（年运营里程 5 万公里计）和中短途牵引车型重卡（年运营里程 10 万公里计），可分别实现约 16 吨、100 吨的二氧化碳减排。

从全生命周期看，根据中汽数据发布的《中国汽车低碳行动计划研究报告（2021）》，2020 年纯电动单车和插电式混合动力单车行驶 1 公里的碳排放分别为 146.5 克二氧化碳当量和 211.1 克二氧化碳当量，远远低于汽油单车的 241.9 克二氧化碳当量和柴油单车的 331.3 克二氧化碳当量。

随着新能源汽车行业的快速发展，汽油车数量逐年减少，新能源汽车电动化的碳减排效益越来越大。根据国务院办公厅印发的《新能源汽车产业发展规划（2021—2035 年）》（国办发〔2020〕39 号），到 2025 年新能源汽车新车销售量将达到汽车新车销售总量的 20% 左右，到 2035 年纯电动汽车将成为新销售车辆的主流。

（三）面临的挑战

1. 电动车整车制造碳排放少，供应链碳排放偏高

整车生产阶段的碳排放占全生命周期的碳排放比例很小，根据中汽数据发布的《中国汽车低碳行动计划研究报告（2021）》，纯电动单车和插电式混合动力单车分别为 2.5% 和 1.8%。相比而言，车身材料供应链的碳排放问题却越发凸显。

一是动力电池原材料生产的碳排放。动力电池中含有锂、钴、锰、镍等特殊矿物元素，其开采和提取的碳排放量较大。根据《中国汽车

① 《国家发展和改革委就促进绿色消费实施方案举行发布会》，2022 年 1 月 21 日，http://www.scio.gov.cn/xwfbh/gbwxwfbh/xwfbh/fzggw/Document/1719335/1719335.htm。

低碳行动计划研究报告（2021）》，与动力电池原料相关的碳排放占车辆原料获取阶段总量的49.3%。二是动力电池生产制造的碳排放。动力电池生产能耗和碳排放偏高。经测算，现阶段生产1千瓦时三元锂电池和磷酸铁锂电池所需能耗分别为82.91kWh和85.78kWh，折算碳排放量分别为5.06万吨/亿千瓦时和5.23万吨/亿千瓦时，电池生产制造碳排放占新能源汽车生产制造过程总排放的40%。[①] 三是车身材料中钢和铝生产的碳排放。钢材是车用原料中比重最高的材料，占纯电动汽车主要零部件质量的62.3%，其次是塑料和铝原料。2020年我国生产每吨钢排放的二氧化碳为1.83吨，生产每吨电解铝排放的二氧化碳为10吨，生产每吨塑料排放的二氧化碳为2.5吨，在车身轻量化的趋势下，铝材使用的碳排放不容忽视。此外，车用制冷剂的逸散也是温室气体排放的重要环节，纯电动汽车这一阶段的排放比例达到5.4%。

2. 纯电动车中重型货车推广使用滞后

道路交通碳排放中商用车的占比超过60%，道路货运碳排放中重型货车碳排放占比达83.5%，是车辆碳减排中的关键车型。但纯电动商用车的销售集中在轻型、微型货车，碳排放占比最高的重卡车型推广进度滞后，主要困难有以下几个。

一是存在技术瓶颈。现有的电池能量密度还无法满足大部分长距重载运输的实际需求。纯电动商用车续航里程一般在250公里内，续航里程短，充电时间长（快充需要60分钟，慢充需要12小时），仍需解决低温制热、高温冷却、电池衰减等问题。二是存在成本问题。调研了解

---

① 《动力电池产业应强化生产环节减碳》，2022年2月9日，https：//baijiahao.baidu.com/s? id=1724267465621998728。

到，纯电客车售价是燃油客车的 1.7~1.9 倍，不同载重的纯电货车购置价格是同型号燃油货车的 1.5~2.0 倍，成本偏高导致用户购买意愿低，补贴退坡后商用车的优势更难以发挥，纯电动商用车的减碳潜力受到制约。三是存在充电难题。以北京市为例，纯电动货车充电用的直流充电桩数量少且多分布在地库，无法满足现存的新能源商用车使用需求。根据中国电动汽车充电基础设施促进联盟数据，截至 2022 年 3 月，北京市公共充电桩保有量 9.8 万台，其中适合商用车的 750 伏直流充电桩数量占比仅 10% 左右。此外，对物流企业等终端客户和充电桩运营企业来说，还存在建设充电桩的审批流程长、增容困难等问题。

3. 氢燃料电池汽车起步发展，低碳效益尚未显现

氢燃料电池汽车是国家新能源汽车发展的重要战略选择。氢燃料电池汽车具有能量密度高、运行工况适用性强、加注燃料时间短（加氢仅需 3 分钟）等优势，续航里程普遍在 500 千米以上，适用于中长距大宗货运情景，可与纯电动货车形成氢电互补，促进道路货运的零排放。受制于技术、成本等因素，我国燃料电池汽车市场规模较小，2021 年销量仅为 1881 辆。2022 年发布的《氢能产业发展中长期规划（2021—2035 年）》提出，重点推进氢燃料电池中重型车辆应用，氢燃料电池汽车行业将迎来重大发展机遇。

氢能源最大的优势就是零碳排放。《中国氢能源及燃料电池产业白皮书 2020》指出，在 2030 年前实现碳达峰的情景下，我国氢气年需求量将达到 3715 万吨，在终端能源消费中占比约为 5%。但是在当前以煤化工和气氢长管拖车运输为主的情景下，每公斤氢的生产和储运产生 26.8 公斤碳排放，低碳效益尚未显现。

二　财政政策进展和主要问题

（一）财政政策现状

1. 推广应用补贴

2009 年，我国开始实行新能源汽车示范推广工作试点，2010 年开始对私人购买新能源汽车进行补贴，2013 年进一步细化补贴标准，按动力电池组能量分级补贴，分为公共领域和非公共领域，包括新能源乘用车、客车和货车。自 2010 年实施以来，补贴政策坚持"扶优扶强"的政策导向，不断提高动力电池系统能量密度、部分车型续航里程、能耗等技术门槛，但补贴力度（中央财政补贴标准、单车补贴上限）逐年下降，于 2022 年底终止。根据财政部中央对地方财政转移支付节能减排专项资金公开数据，2018~2022 年中央财政补贴新能源汽车推广应用 1452.23 亿元。在补贴政策的大力支持下，新能源核心技术不断突破，即使补贴不断退坡，消费者对新能源的接受度与购买意愿仍然不断提升。2010~2021 年，我国新能源汽车销量持续保持高位增长。

2. 充电基础设施奖励资金

2014 年 11 月 18 日，财政部等 4 部门联合发布《关于新能源汽车充电设施建设奖励的通知》（财建〔2014〕692 号），提出 2013~2015 年中央财政对地方开展充电基础设施建设给予奖励，奖励资金由地方统筹安排使用，奖励标准主要根据各省区市新能源汽车推广数量确定，推广量越大，奖励资金越多。奖励资金专门用于支持充电设施建设运营、改造升级和充换电服务网络运营监控系统建设等相关领域。2016 年，财政部等 5 部门联合印发《关于"十三五"新能源汽车充电基础设施奖

励政策及加强新能源汽车推广应用的通知》，将奖励政策延长至 2020
年。截至 2020 年 11 月，中央财政已经累计下达了奖励资金 45 亿元。①

3. 新能源公交车运营补贴资金

2015 年 5 月 11 日，财政部、工业和信息化部、交通运输部联合发
布《关于完善城市公交车成品油价格补助政策 加快新能源汽车推广应
用的通知》（财建〔2015〕159 号）。中央财政对完成新能源公交车推
广目标的省份，对纳入工业和信息化部"新能源汽车推广应用工程推
荐车型目录"、年运营里程不低于 3 万公里的新能源公交车以及非插电
式混合动力公交车，按照其实际推广数量给予运营补助。

4. 新能源汽车创新工程奖励资金

2012 年 9 月 20 日，财政部、工业和信息化部、科技部联合发布
《关于组织开展新能源汽车产业技术创新工程的通知》（财建〔2012〕
780 号），制定了《新能源汽车产业技术创新工程财政奖励资金管理暂
行办法》，用于支持新能源汽车整车项目（包括纯电动、插电式混合动
力、燃料电池汽车）和动力电池项目。根据财政部官网数据，中央财
政仅于 2016 年就拨付了 2.97 亿元。②

（二）存在的问题

1. 财政资金补贴存在不同程度延期拨付

新能源国家补贴款的账期过长，一般需要两年以上时间才能给到企

---

① 《财政部：继续研究优化充电基础设施的奖补政策》，2020 年 11 月 3 日，
http://www.gov.cn/xinwen/2020-11/03/content_5557032.htm。
② 《2016 年新能源汽车产业技术创新工程资金分配结果》，2016 年 7 月 19 日，
http://jjs.mof.gov.cn/zxzyzf/jnjpbzzj/201607/t20160719_2363849.htm。

业，资金回笼过慢导致企业财务风险较大。如 2021 年中央节能减排补助资金仍在清算拨付 2016~2018 年的新能源汽车推广应用补助。另外，新能源汽车创新工程奖励资金也未持续发放。

2. 财政资金对新能源减污降碳重点领域支持不足

一是动力电池回收财政资金支持不足。我国中央层面尚无动力电池回收的财政资金支持，地方层面仅山西、广西、深圳等极少数省份和城市给予新能源企业计提回收专项资金补贴，或者通过绿色发展专项资金扶持。2018 年，全国动力电池报废量 5.3 万~7.4 万吨，正规渠道回收量仅为 0.5 万~1.3 万吨，正规渠道回收比例不超过 20%（潘寻等，2020）。大量废旧电池的回收利用处置不可控，造成资源浪费和环境污染。

二是充电基础设施建设财政资金严重不足。截至 2021 年底，纯电动汽车保有量 640 万辆①，充电桩保有量总计 261.7 万台②，车桩比例仅为 2.45∶1。中国电动汽车百人会理事长陈清泰曾指出，到 2030 年中国纯电动车辆或达到 6480 万辆，按照车桩 1∶1 匹配要求，至 2030 年，我国将存在高达 6300 万台的充电桩缺口。③ 由于充电桩本质上是基础

---

① 《截至 2021 年底，全国新能源汽车保有量达 784 万辆，其中纯电动汽车保有量640 万辆》，2022 年 1 月 13 日，http：//www.caam.org.cn/chn/7/cate_120/con_5235354.html。

② 《〈国家发展改革委等部门关于进一步提升电动汽车充电基础设施服务保障能力的实施意见〉政策解读》，2022 年 1 月 21 日，https：//www.ndrc.gov.cn/xxgk/jd/jd/202201/t20220121_1312642.html。

③ 《"十四五"电网规划编制计划年内完成 "新基建" 加速跑 特高压迎重金布局》，2020 年 6 月 3 日，http：//www.sasac.gov.cn/n4470048/n13461446/n14761619/n14761641/c14767593/content.html。

设施，社会效益大于经营收益，加上单桩利用率不足，大部分充电桩运营商盈利困难。公开数据显示，2019 年以来国内充电桩市场有 50% 的企业倒闭或退出，30% 的企业在盈亏平衡线上挣扎（王琳琳，2021）。这意味着仅有约两成企业实现盈利。充电桩建设运营面临资金缺口巨大、市场培育不足的双重压力，亟须财政资金支持。

三是节能降耗关键技术支持不足。财政对动力电池、电机的研发投入不足。动力电池包括高比能量电池、高安全电池、长寿命电池，电机系统包括高效高密度驱动电机系统等关键技术。

3. 财政补贴与路权优先政策缺乏配套

目前除深圳、广州、成都等少数代表性城市外，纯电动物流车在其他地方的路权并未明显高于燃油车。以北京市为例，《2020 年北京市新能源轻型货车运营激励方案》规定，对符合标准的新能源物流车最高激励资金可达 7 万元；对一次性报废或转出的汽柴油货车并更新为新能源货车 20 辆（含）以上的企业，在资金激励基础上，叠加给予城区货运通行证奖励。然而，北京每年给予新能源物流车通行证仅 100 多张，远远无法满足新能源物流车推广的需求。①

三 税收政策进展和主要问题

（一）税收政策现状

1. 消费税

2006 年 3 月 20 日，财政部、国家税务总局印发《关于调整和完善

---

① 《全国政协委员徐和谊：进一步加快新能源城市物流车的推广应用》，2019 年 3 月 11 日，https://caijing.chinadaily.com.cn/a/201903/11/WS5c860d21a310105-68bdced3e.html。

消费税政策的通知》（财税〔2006〕33号），纯电动汽车、燃料电池汽车不征收消费税。

2. 车船税

2012年3月6日，财政部、国家税务总局、工业和信息化部印发《关于节约能源 使用新能源车船车船税政策的通知》（财税〔2012〕19号），自2012年1月1日起，符合《享受车船税减免优惠的节约能源使用新能源汽车车型目录》的新能源汽车免征车船税，并进一步细化更新免税的新能源汽车标准，已发布36批次目录。

3. 车辆购置税

2014年7月14日，国务院办公厅印发《关于加快新能源汽车推广应用的指导意见》（国办发〔2014〕35号），对购置列入《免征车辆购置税的新能源汽车车型目录》的新能源汽车，包括纯电动汽车、插电式（含增程式）混合动力汽车和燃料电池汽车，免征车辆购置税（按车辆实际支付价格的10%征收），并进一步细化更新免税的新能源汽车标准，已发布52批次目录。该政策于2014年9月1日开始执行，延长三次，暂实施至2023年12月31日。

4. 增值税

一是新能源汽车执行13%税率。根据《增值税法》，销售新能源汽车或者相关零部件征收13%的税率。二是二手车流转税率持续降低。国家税务总局发布《关于明确二手车经销等若干增值税征管问题的公告》（国家税务总局公告2020年第9号），2020年5月1日至2023年12月31日，从事二手车经销的纳税人销售其收购的二手车由原按照简易办法依3%征收率减按2%征收增值税，改为减按0.5%征收增值税。

三是资源回收利用即征即退范围扩大。财政部、国家税务总局发布《关于完善资源综合利用增值税政策的公告》（财政部、税务总局公告2021年第40号），提出从事再生资源回收的增值税一般纳税人销售其收购的再生资源，可选择简易计税方法按3%缴纳增值税；增值税一般纳税人销售自产的资源综合利用产品和提供资源综合利用劳务，可享受增值税即征即退。按照《资源综合利用产品和劳务增值税优惠目录（2022年版）》，废旧电池及其拆解物、报废汽车等产生或拆解出来的废钢铁、废旧轮胎、废橡胶制品享受30%~70%退税比例。

5. 企业所得税

对从事重大技术装备研发制造的企业，按照研究开发费用的50%加计扣除；经认定为高新技术企业的，减按15%税率征收企业所得税。按照《资源综合利用企业所得税优惠目录（2021年版）》，废旧汽车通过再制造方式生产的发动机、变速箱、转向器、起动机、发电机、电动机等汽车零部件，减按90%计入当年收入总额。新能源汽车企业作为节能环保企业，可以享受企业所得税"三免三减半"，即企业所得税前三年可免交，后三年减半征收。

6. 进口关税

2019~2020年，锂辉石矿的进口关税从3%的最惠国税率降至0%。2019年12月18日，国务院关税税则委员会发布《关于2020年进口暂定税率等调整方案的通知》（税委会〔2019〕50号），自2020年1月1日起，根据《进口商品暂定税率表》，锂的碳酸盐、钴酸锂、商品氧化钴、镍的氧化物及氢氧化物等锂电材料的进口税率，从原来执行的5%的最惠国税率，下调至2%的暂定税率；在《进一步降税的进口商品协定税率表》中，财政部还添加了六氟磷酸锂、氢氧化锂、锰酸锂、磷酸铁锂、镍钴锰/镍钴铝氢氧化物、锂镍钴铝/锂镍钴锰氧化物等材料。然而，财政部虽大幅调低了锂电池相关材料的进口税率，但却进一步提高了车用锂离子电池的进口税率。根据《进口商品最惠国暂定税率表》，纯电动汽车或插电式混合动力汽车车用锂离子蓄电池单体的 2017 年暂定税率为 8%，最惠国税率为 12%；纯电动汽车或插电式混合动力汽车车用锂离子蓄电池系统的暂定税率为 10%，最惠国税率为 12%。

（二）存在的问题

1. 税收优惠过于集中在消费端

我国的新能源汽车购买环节占总税收的比例为 66%，保有环节和使用过程只占 34%，购买环节的税收比例处于高位（肖俊涛，2016）。

2. 增值税缺乏进项抵扣依据

废旧电池掌握在电池售卖维修网点或个人手中，回收企业在收购时，无法取得相应的增值税发票，在出售给再生企业时，无法进行增值税抵扣，致使回收企业税负过重。不规范的回收企业通过"无票交易"的方式，将电池出售给小作坊、小炼厂，哄抬废电池价格，这又进一步削弱了正规企业的竞争力，出现了"正规军"干不过"游击队"的局面。

四　价格政策进展和主要问题

（一）政策进展

新能源汽车用电优惠政策是指对新能源汽车用户充电电价和服务费执行的优惠政策。根据充电使用场所的不同，采取差异化的电价优惠，各地采取的优惠形式也不同。一般来说，表现为用电价格优惠和服务费优惠等形式。

2014 年，国家发展改革委印发《关于电动汽车用电价格政策有关问题的通知》（发改价格〔2014〕1668 号），对电动汽车充电设施用电实行扶持性电价。2018 年，国家发展改革委出台《关于创新和完善促进绿色发展价格机制的意见》，经营性集中式充换电设施执行两部制大工业用电价格，2020 年前暂免收基本电费，现延长至 2025 年底；其他充电设施按其所在场所执行分类目录电价，如居民家庭住宅、居民住宅小区、执行居民电价的非居民用户中设置的充电设施用电，执行居民用电价格中的合表用户电价；电动汽车充换电设施用电执行峰谷分时电价政策。

各地对电动汽车充电服务费实行政府指导价管理。政策制定遵循"有倾斜、有优惠"原则，标准上限由省级价格主管部门或其授权单位制定并调整。该项政策延续执行不一，如上海延续，但北京放开市场定价。以北京为例，2021 年前，车辆的服务费最多不能超过同时期 92 号汽油价格的 15%，以 7 元/升的价格计算，服务费最多不能超过 1.05 元/千瓦时的价格。从整体来看，充电桩的充电价格包含电费和服务费，总价格在 1.7~1.9 元/千瓦时。

（二）存在的问题

充电价格直接包括电费和服务费两部分。根据 2014 年国家发展改革委印发的《关于电动汽车用电价格政策有关问题的通知》，2020 年前对电动汽车充换电服务费实行政府指导价管理。充换电服务费标准上限由省级人民政府价格主管部门或其授权的单位制定并调整。不同地区国网、南网运营的充电设施电价和服务费价格均按照当地标准执行。其他运营商一般按照充电设施所在场所物业方电费标准收取，服务费不超过该地区规定的上限标准。据了解，北京市规定每千瓦时电服务费上限标准为当日本市 92 号汽油每升最高零售价的 15%①；上海市 2020 年前，电动汽车充电服务费执行政府指导价，暂定为每千瓦时不超过 1.6 元②。目前，由于价格优惠政策限制，充电桩投资运营商盈利困难，远期看不利于充电基础设施的市场化运营。对于充电桩投资运营企业，电费定价权在政府部门，服务费是充电桩企业的主要收入来源，需要支付前期的选址费用、工人工资、增容费用等，纯市场化的充电桩运营公司大多难以盈利。

五　金融政策进展和主要问题

（一）政策进展

为了释放消费者对新能源汽车的购置需求，国家出台金融支持政策。2020 年，国务院办公厅印发《新能源汽车产业发展规划（2021—2035 年）》，提出落实新能源汽车相关税收优惠政策，优化分类交通管理及金融服务等措施。2022 年 7 月，商务部等 17 部门发布《关于搞活汽车流通 扩大汽车消费若干措施的通知》，指出金融机构业应在依法合

① 《北京市发展和改革委员会关于本市电动汽车充电服务收费有关问题的通知》，2015 年 4 月 24 日，https：//www.beijing.gov.cn/zhengce/zhengcefagui/201905/t20190522_58449.html。

② 《市政府办公厅关于转发市发展改革委等七部门制订的〈上海市鼓励电动汽车充换电设施发展扶持办法〉的通知》，2016 年 5 月 9 日，https：//www.shanghai.gov.cn/nw39426/20200821/0001-39426_47395.html。

规、风险可控的前提下，合理确定首付比例、贷款利率、还款期限，加大汽车消费信贷支持。2022 年 8 月，银保监会发布《关于鼓励非银机构支持新能源汽车发展的通知》，提出鼓励非银机构开发设计符合新能源汽车特点的专属金融产品和服务，适当扩大绿色金融服务覆盖面，重点加大对中小微新能源汽车经销商的金融支持力度，拓宽非银机构融资渠道，通过绿色金融产品支持新能源汽车金融服务供给。

多家银行出台举措支持新能源汽车购买使用、丰富汽车金融服务。广发银行出台一系列措施，支持新能源汽车消费，布局绿色低碳经济。广发银行上线银联绿色低碳信用卡，通过加大指定新能源汽车购车分期优惠力度（最低免分期手续费），着力释放消费者对新能源汽车的购置需求。平安银行在新能源汽车金融领域持续耕耘品牌并形成规模，2021年个人新能源汽车贷款新发放 175.65 亿元，同比增长 137.2%。招商银行在董事会战略委员会中增加绿色金融职责，并制定完善新能源汽车行业相关信贷政策。兴业银行围绕"客户旅程建设"形成"电池材料—零部件生产—整车生产—经销商流通—终端销售"的全产业链金融布局与核心企业服务。同时，将重点延伸到零售汽车金融服务，通过买（换）车、用车客户旅程，打造汽车金融完整生态圈，形成 B 端和 C 端联动。

（二）存在的问题

一是新能源汽车金融市场渗透率仍然偏低。我国汽车整体金融渗透率近年来不断提升（含汽车金融公司、银行、融资租赁公司等各市场参与主体），但与发达国家相比差距仍然较大，汽车金融产品促进新能源汽车推广消费的作用不足。2021 年我国新能源汽车金融市场规模约为 340 亿元，结合目前国内各大新能源汽车定价以及商业银行、汽车金融公司的汽车分期平均贷款额度来看，未来新能源汽车金融潜在的市场规模有望达到千亿元。①

二是新能源汽车金融市场服务能力不强。目前我国汽车金融市场尚未成熟，行业在风险管理、业务范围、制度建设、融资渠道等方面都还与国外存在差距。新能源汽车金融行业中的两大主力分别是银行和汽车金融公司。大部分汽车金融公司选择签约代理公司的业务模式，但业务局限于消费贷款，风险的防控能力较差。我国汽车金融公司普遍存在将过多精力放在扩大业务规模上的问题，而忽视了对成本控制的管理，长期简单粗放的成本核算模式造成信息失真，这不利于汽车金融公司的长远发展。在经营模式方面，汽车金融公司主要依靠贷款收益和融资成本间的利息差额作为盈利来源，在融资成本没有优势的前提下扩大利润，信贷风险较大，其管理成为目前的行业难题。

三是绿色金融对新能源汽车生产企业的支持仍有不足。以生产新能源货车的北汽福田为例，企业贷款仅适用中长期制造业贷款利率（3%）和高端制造业贷款利率（2.8% ~ 3%），未能享受到更优惠的碳减排支持工具贷款利率（2% ~ 2.5%）、设备更新改造专项再贷款利率（0.7%）。

六　新能源汽车行业绿色发展经济政策建议

（一）优化财政资金支持方式，加快向市场化支持路径转变

改进资金拨付方式，提高生产企业及产品准入门槛，建立健全监管

---

① 《2022 ~ 2027 年中国新能源汽车金融行业市场深度调研及投资预测报告》，2022 年 8 月 18 日，https：//zhuanlan.zhihu.com/p/555211464。

体系，落实新能源汽车财政资金预拨付后清算。延长新能源商用车购置补贴截止时间，加大对充电桩建设、换电商用车推广、动力电池回收的资金支持力度，进一步细化和提高货车补贴技术标准。加大公共充电设施配建财政支持力度，探索"油-气-氢合建"的多元综合能源供给站等商业模式。合规的磷酸铁锂再生利用企业可按1500元/吨至2000元/吨的标准给予回收处置补贴。加强财政补贴与双积分、碳资产政策之间的衔接。

（二）加大税收优惠力度，增强先进技术研发支持

延续新能源汽车免征购置税政策到2025年底，对回收企业向利用处置企业销售其收购的动力电池给予8%的增值税抵扣，对合规的磷酸铁锂再生利用企业给予税收优惠。加大对动力电池梯级利用领跑企业或行业共性技术研发的加计扣除力度。加大对高端车用芯片、高比能高安全长寿命动力电池以及高效高密度驱动电机系统等高研发投入的新能源车企的税收减免力度。

（三）探索完善充电基础设施盈利机制的电价机制

建议地方政府针对充电设施进一步细化电价政策，并结合监控平台，制定基于电量的补贴政策。由国家价格主管部门牵头，推动各省市价格主管部门开展分时电价政策研究，根据各地的资源禀赋、电源结构、产业结构等因素，制定出与各地实际情况相适应的电动汽车充电分时电价政策。通过"源-网-桩-车"大范围智能互动提高可再生能源消纳能力或者提供电网调频调峰等辅助服务，以降低充电价格。

（四）创新促进新能源汽车生产和消费的金融产品

一是加快完善相关政策，促进新能源汽车消费。加快制定与新能源汽车消费信贷相配套的法律法规，规范金融市场秩序，严厉打击恶意断供、误导消费等不法行为，完善新能源汽车金融服务模式，提高金融机构开展汽车金融服务的规范性和积极性。

二是创新研发适应产业发展的金融产品。鼓励汽车金融公司深入研究不同类型车辆，尤其是新能源汽车的客群特点，配合汽车产业的"新四化"趋势，创新研发新能源消费金融产品，提高金融服务和风险管控水平，以科技创新持续驱动业务升级。

三是加大新能源汽车生产的融资优惠力度。适时将新能源汽车制造纳入中国人民银行碳减排支持工具、设备更新改造专项再贷款等金融工具的支持范围。

第三节 污水处理行业

环保产业是战略性新兴产业，是支撑深入打好污染防治攻坚战的主力军，是服务经济社会绿色低碳转型的生力军，也是探索推动产业生态化、生态产业化的先锋队，为人与自然和谐共生的中国式现代化提供产业保障。污水处理行业作为环保产业的重要领域，对打好碧水保卫战和提升环境基础设施建设水平发挥着重要作用，也面临资金供需不匹配的困境。因此，本节从降本增资提效的角度出发，全面梳理污水处理行业经济政策现状，识别当下经济政策存在的问题，并提出行业高质量发展政策优化建议，促进污水处理行业发展由政策驱动向市场驱动转变。

一 可持续发展现状与挑战

（一）产业发展现状

"十三五"以来，我国城市污水排放量和处理量均逐年增长，污水处理量低于污水排放量，但增速快于污水排放量。城市污水排放量从2011年的403.70亿立方米增长到2021年的625.08亿立方米，年均增长率为4.47%。城市污水处理量从2011年337.61亿立方米增长到2021年的611.90亿立方米，年均增长率为6.13%，高于城市污水排放量增速1.66个百分点（见图3-1）。全国城市污水日处理量自2011年的1.33亿立方米增至2021年的2.17亿立方米，年均增长率约为5.04%（见图3-2）。

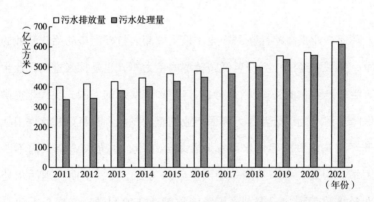

图3-1 2011~2021年全国城市污水排放和处理情况

资料来源：中华人民共和国住房和城乡建设部（2022）。

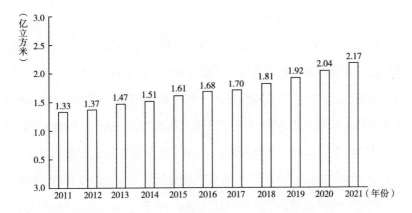

图 3-2 2011~2021 年全国城市污水日处理能力情况

资料来源：中华人民共和国住房和城乡建设部（2022）。

（二）可持续发展面临挑战

1. 生态环境保护系统性不足

（1）部分污染治理项目重治标轻治本

长江生态环境保护修复要求高、时间紧，一些地方政府财力弱、管理水平低，通常会以实现政府考核目标即水质达标为导向，加快水质改善明显的末端治理项目推进，对减少污染产生、提高污水收集率、加强末端治理统筹考虑不足，导致资金投入大但水环境综合治理效果不明显。以长江中游某湖泊水污染治理工程为例，该工程将靠近湖泊下游的河水抽取至靠近上游闸口的地面污水处理设施中进行处理后再排入河道，虽然有利于加快水体循环，实现曝气充氧，从而降低污染物浓度，但是上游未截断污水直排口和暗流管，仅靠下游的污水处理工程，河流水质根本改善和水生态功能恢复的效果甚微。

（2）污水管网有效收集率低

现有城市老城区普遍存在污水管网资料欠缺、底数不清、错接漏接等问题，新建城区污水管网建设不能及时跟上城市发展速度，污水收集与处理系统不匹配，导致城市污水处理效率低。据排查统计，某调研城市市政排水管网总长 2050 千米，已排查长度 1653 千米，管道缺陷数量高达 31238 个；雨污管网检测完成 1750 千米，雨污管网混接点 1700 多个。根据调研数据，该市城区污水系统提质增效（一期）PPP 项目扩建、新建污水厂规模占污水厂总体规模的 24.8%，新建污水管网长度占管网总长度的 6.8%，总体来看污水厂网存量规模较大（见图 3-3）。因此，相对于新建管网而言，对已有管网修复维护已成为提高污水收集率和处理率的当务之急。此外，作为污染物收集的重要渠道，生态环境保护基础设施处于多部门建管的交叉地带，缺乏市场调节，面临规划滞后、供给不足问题，在建设运营中管网建设标准和质量不高、排水体制混乱、清污混流、养护管理不足，致使大量无机泥渣砂进入污水处理厂，并伴随部分有机碳源流失。

2. 资金可持续性压力大

（1）资金缺口大

长江大保护资金需求至少在 $2×10^{12}$ 元以上，长远需求很可能在 $2×10^{13}$ 元左右。目前，长江经济带 11 个省市一般公共预算支出中节能环保资金额为 $2.22×10^{11}$ 元，仅占预计资金需求量的 11.1%，长江大保护实现环境与经济的可持续发展，面临较大的资金缺口。2015 年，财政部印发《政府和社会资本合作项目财政承受能力论证指引》，文件规定每一年全部 PPP 项目支出占一般公共预算支出比例不应超过 10%。

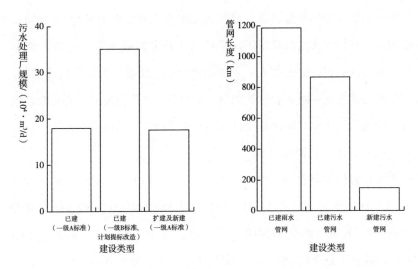

图 3-3　长江经济带某市污水处理厂网总体情况

根据财政部 2018 年发布的《筑牢 PPP 项目财政承受能力 10% 限额的"红线"——PPP 项目财政承受能力汇总分析报告》，预测 2015～2045 年长江经济带 11 省市年度最大支出占比超过 10% 限额的市县，主要分布在四川省、湖南省、贵州省等地区，长江经济带部分省市依靠 PPP 模式支撑后续项目的困难较大。

（2）过度依赖政府财政

长江生态保护修复和绿色发展项目往往回报率低、资金回收期长，资金一般来源于地方公共预算支出，并辅之以少量的使用者付费。以长江中游某城市为例，已入库生态环境保护 PPP 项目 20 项，政府付费项目 13 项，资金额高达 369.86×10^{8}元，占所有生态环境保护 PPP 项目投资总额的 57.32%。近年来，一些地方政府泛化滥用 PPP，借 PPP 变相融资等不规范操作问题日益凸显，造成地方政府隐性债务增加。然而，在国家去杠杆、调结构背景下，受经济下行和减税降费等诸多因素影响，地方政府可控财政收入、举债能力降低，偿债能力不确定性增加，不同地区地方政府融资和付款能力、信用等存在明显差异，高度依赖地方财政支付的生态环境治理项目面临资金支付不可持续的风险。

（3）外部融资困难

根据银保监会数据，2019 年 1~6 月，国内 21 家主要银行绿色信贷余额为 10.6 万亿元，占 21 家银行贷款总额的比例为 9.6%。从中国工商银行等 16 家商业银行 2018 年绿色信贷余额占比来看，最高占比约 30%，最低不足 1%，绝大部分低于 10%，五家国有商业银行平均绿色信贷余额占比为 7.33%。在资金缺口大、政府财政资金供给不足的情况下，加上近年来总体经济下行，金融机构对生态环境保护领域的融资支持力度有限。一方面，金融机构对由环境因素带来的金融风险的识别能力较差，风险评估、风险防范和风险处理等管理环节相对薄弱；另一方面，长江生态环境治理项目多前期投资大、回款慢、收益回报机制单一，资金回报来源存在不确定性，且项目缺乏足值有效的实物资产做抵押，授信审批通过及风险控制难度大，金融机构对项目公司回款的信任度低。

（4）收费标准动态调整难度大

根据《城市供水统计年鉴 2016》统计信息分析，2016 年全国一半以上城市现行的自来水价格与成本倒挂。同时，水价调整周期长，听证程序启动较为敏感，需要经历前期论证、民意调查、风险评估、专家论证等环节，往往快则 1 年，慢则 2 ~ 3 年。污水处理费实行收支两条线管理模式，缺乏市场价格调节机制，价格调整涉及主体多、程序繁杂，政府难以及时进行动态调整。虽然大多数地区的污水处理费标准依据补偿污水处理和污泥处置设施的运营成本并合理盈利而确定，但由于污水处理排放标准提高、技术成本增加等原因，现有污水处理费标准难以覆盖污水处理、污泥处理、管网维护的运营成本，有些城市甚至需要财政补贴来弥补污水处理的运营资金缺口。尽管有文件明确污水处理费可以适度调整，但实际操作上仍缺乏具体可行的政策支持，在地方的具体操作中，污水处理费仅随国家要求标准变化，提高幅度小、覆盖面窄。

3. 运营管理分散、负担重

（1）运营主体分散，治污效率不高

根据 E20 环境产业研究院 2013 年的调研报告，全国 3000 多家城镇污水处理厂共涉及 2497 家运营管理主体，平均 1 家主体运营管理 1.4 家污水处理厂[①]，运营主体的集中度较低，管理分散，效率不高。我国现有污水处理厂的运营单位绝大多数属于政府全额拨款的事业单位，拥有政企不分的垄断权，运营和管理的费用往往偏高，降低了城市污水处理设施盈利的可能性，增加了进一步融资的困难，而"同体监督"的无效也使污水处理厂的运行费用不能从根本上得到有效控制。

（2）项目组合推进负担重

大多数环境基础设施具有公益性，而地方政府又迫切需要改善环境

---

① 《47% 城镇污水处理厂市场化运作》，2014 年 8 月 15 日，https：//www.h2o-china.com/news/130170.html。

质量，因此，地方政府一般将有回报机制的基础设施项目与公益性基础设施项目进行"肥瘦搭配"，组合打包给社会资本方。然而，企业自身盈利无法完全覆盖建设与运营费用，继续承接资金回报不足的公益性基础设施建设，会导致整体项目收益率较低，企业负担过重，项目落地实施困难。

4. 政策时间不匹配、权益不对等

（1）与长江大保护时间需求不匹配

以项目审批为例，根据国家发展和改革委员会、财政部和各省市对PPP项目操作流程的指导性意见，PPP项目从发起到最终实施，涉及政府投资审批、企业投资项目审查等多道程序。尽管国家已实施"放管服"改革，但地方各级政府在项目审批程序优化和管理权限划分上仍未完全理顺，审批手续仍较繁杂。根据财政部统计，PPP项目的前期工作时间虽由15个月缩至13个月后再缩短为11个月，但是根据《长江保护修复攻坚战行动计划》2020年明显见成效的要求，按目前的审批周期，项目落地过慢，在时限上难以满足长江大保护项目建设快节奏推进的要求。为加快推进"先行先试"项目落地，有些地区尝试简化审批流程，推动联审联批，提高审批效率，但实施推广仍面临相关制度约束和法律依据不足等问题。

（2）参与主体权益不对等

在PPP协议谈判中，现有政策多向政府方倾斜，过多地规定了社会资本的义务和违约责任，特别是对生态环境质量目标考核的过重责任。2017年11月10日，财政部办公厅印发《关于规范政府和社会资本合作（PPP）综合信息平台项目库管理的通知》，要求PPP项目建立与项目产出绩效相挂钩的付费机制，项目建设成本参与绩效考核，且实际与绩效考核结果挂钩部分占比不少于 30%。2019 年 3 月 7 日，财政部印发《关于推进政府和社会资本合作规范发展的实施意见》，该文件是财政部规范政府和社会资本合作项目发展的又一文件。其中提出要"建立完全与项目产出绩效相挂钩的付费机制，不得通过降低考核标准等方式，提前锁定、固化政府支出责任"。政策的变化进一步增加了社会资本进入的风险，不利于减轻地方政府长江大保护的资金压力。

二 财政政策进展和主要问题

（一）财政补贴政策现状

1. 一般公共预算支出

在一般公共预算支出中，与排水管网相关的支出科目涉及节能环保支出、城乡社区支出、转移性支出三类，细分 4 款 6 项（见表 3-4）。2020 年污染防治、城乡社区公共设施支出的资金分别是 2434.78 亿元、8319.13 亿元。

表 3-4　一般公共预算排水管网相关支出科目

科目编码			科目名称	2020 年决算数（亿元）
类	款	项		
211			节能环保支出	6333.40
	03		污染防治	2434.78
		02	水体	1187.19
212			城乡社区支出	19945.91

科目编码			科目名称	2020 年决算数（亿元）
类	款	项		
	03		城乡社区公共设施	8319.13
		03	小城镇基础设施建设	1578.99
230			转移性支出	—
	02		结算补助支出	—
		50	节能环保共同财政事权转移支付支出	—
		51	城乡社区共同财政事权转移支付支出	—
	03		专项转移支付	—
		11	节能环保	—
		12	城乡社区	—

资料来源：中国财政年鉴编辑委员会（2021）。

在中央向地方的转移支付中包括一般转移支付中的均衡性转移支付、重点生态功能区转移支付，专项转移支付中的水污染防治资金、城市管网专项资金、江河湖库水系综合整治资金、农村环境整治资金、重点生态保护修复治理资金。2021 年，水污染防治资金、城市管网专项资金、重点生态保护修复治理资金分别为 47.97 亿元、14.53 亿元、28.80 亿元。①

2. 政府性基金支出

政府性基金属于政府非税收入，全额纳入财政预算，实行"收支两条线"管理模式。政府性基金预算根据基金项目收入情况和实际支出需要，按基金项目编制，做到以收定支。在政府性基金支出中，与排

① 中央对地方转移支付管理平台，http://www.mof.gov.cn/zhuantihuigu/cczqzyzfglbf/。

水管网相关的支出科目涉及城乡社区支出、转移性支出两类，细分 8 款 17 项（见表 3-5）。2020 年，国有土地使用权出让收入、城市基础设施配套费、污水处理费安排的支出（含专项债务对应项目专项收入对应的支出）分别为 74229.71 亿元、2061.57 亿元、807.72 亿元。

表 3-5　政府性基金排水管网相关支出科目

科目名称			科目名称	2020 年决算数（亿元）
类	款	项		
212			城乡社区支出	—
	08		国有土地使用权出让收入安排的支出	74229.71
		03	城市建设支出	—
		04	农村基础设施建设支出	—
	13		城市基础设施配套费安排的支出	2061.57
		01	城市公共设施	—
		02	城市环境卫生	—
	14		污水处理费安排的支出	807.72
		01	污水处理设施建设和运营	—
		02	代征手续费	—
		99	其他污水处理费安排的支出	—
	17		城市基础设施配套费对应专项债务收入安排的支出	—
		01	城市公共设施	—
		02	城市环境卫生	—
	18		污水处理费对应专项债务收入安排的支出	—
		01	污水处理设施建设和运营	—

科目名称			科目名称	2020 年决算数（亿元）
类	款	项		
		99	其他污水处理费安排的支出	—
	19		国有土地使用权出让收入对应专项债务收入安排的支出	—
		03	城市建设支出	—
		04	农村基础设施建设支出	—
230			转移性支出	
	04		政府性基金转移支付	—
		07	节能环保	—
		08	城乡社区	—
	11		债务转贷支出	—
		20	城市基础设施配套费债务转贷支出	—
		24	污水处理费债务转贷支出	—

资料来源：中国财政年鉴编辑委员会（2021）。

3. 地方政府专项债支出

专项债务获得的财政收入对应国有土地使用权出让收入、污水处理费、城市基础设施配套费进行安排。统计显示，2019 年、2020 年、2021 年用在生态环保领域的专项债占比分别为 3.80%、8.23%、4.18%。[①] 2022 年 1~6 月，全国共发行环保类专项债 101.5 亿元，其中管网建设的水务和污水处理领域占比达 84.33%。[②] Wind 数据显示，

[①] 《快来补短板！专项债重点投向生态环保等领域》，2022 年 4 月 2 日，http://cenews. com. cn/news. html？aid＝965258。

[②] 《环保行业专题报告：地方政府专项债发力 环保主要投往污水、管网方向》，2022 年 6 月 19 日，https://stock. finance. sina. com. cn/stock/go. php/vReport_Show/kind/search/rptid/708979294287/index. phtml。

2022 年地方新增生态环保专项债券 1460.19 亿元。

（二）存在的问题

1. 政府付费履约缺乏强制约束

现有政策对 PPP 项目政府履约，仅在《政府和社会资本合作项目财政管理暂行办法》中提出将 PPP 支出纳入预算管理，未对地方政府违约提出惩罚性措施，环保企业缺乏维权法律依据。近年来，环保企业深受地方政府欠费困扰，应收账款难以兑现，根据环保上市公司陆续发布的 2018 年业绩报告，半数企业利润增速为负，净利润同比下降超八成。＊ST 凯迪、神雾环保、神雾节能、天翔环境、盛运环保、三聚环保、东方园林、蒙草生态、兴源环境、铁汉生态等股价跌幅均超过 50%（崔煜晨，2019）。

2. PPP 模式资金空间持续压缩

2019 年，财政部印发《关于推进政府和社会资本合作规范发展的实施意见》（财金〔2019〕10 号），规定每一年本级全部 PPP 项目从一般公共预算列支的财政支出责任，不超过当年本级一般公共预算支出的 10%；要求财政支出责任占比超过 5% 的地区，不得新上政府付费项目，多地财政承受能力已触及红线。此外，《政府投资条例》自 2019 年 7 月 1 日起生效，管网、黑臭水体治理、农村环境综合治理等非经营性生态环境治理项目原有 "BT、F+EPC" 面临禁止，将更多地采用政府直接投资模式。国务院国资委印发《关于加强地方国有企业债务风险管控工作的指导意见》（国资发财评规〔2021〕18 号），严控地方国有企业参与 PPP 等高风险业务，严格管理对外担保，参与 PPP 项目股权投资比例进一步降低。在一系列政策连续出台的背景下，PPP 模式资金空间持续压缩，现有 PPP 项目调价面临政府支出超过财政承受能力 10% 红线被强制退库或提前解约等风险。

3. 污水管网项目过度依赖财政

污水管网项目本质上是公共项目，采用使用者付费方式难以满足社会资本或项目公司成本回收和合理回报的要求，需要政府以财政补贴、股本投入、优惠贷款或其他优惠政策的形式给予社会资本或项目公司经济补助。政府也在探索通过购买服务的方式保障城镇排水与污水处理服务的资金供给，按协议规定的价格和数量及时、全额地支付给运营企业。为保障民生，居民污水处理费用涨价极为困难，当地政府财政收入水平决定了污水管网营收状况。

三　税收政策进展和主要问题

（一）税收政策现状

1. 企业所得税

自 2019 年 1 月 1 日起至 2021 年 12 月 31 日，对符合条件的从事污染防治的第三方企业减按 15% 的税率征收企业所得税。企业从事规定的公共污水处理项目的所得，自项目取得第一笔生产经营收入所属纳税年度起，第一年至第三年免征企业所得税，第四年至第六年减半征收企业所得税。企业购置并实际使用节能节水和环境保护专用设备按专用设备投资额的 10% 抵免当年企业所得税应纳税额，当年不足抵免的可以在今后 5 年内结转抵免。自 2008 年 1 月 1 日起，企业以 100% 的工业废水、城市污水生产的再生水，达到国家有关标准，其销售再生水取得的收入，减按 90% 计入收入总额。

2. 增值税

提供污水处理劳务、销售再生水以及提供污染防治服务分别按13%、13%、6%税率征收。从 2015 年 7 月 1 日开始，"污水处理劳务"先行全额征收增值税，后即征即退 70%；"再生水销售"先行全额征收增值税，后即征即退 50%；"代收污水处理费"免征税。

3. 环境保护税

依法设立的城乡污水集中处理、生活垃圾集中处理场所排放相应应税污染物，不超过国家和地方规定的排放标准的，纳税人综合利用的固体废物，符合国家和地方环境保护标准的，暂予免征环境保护税。

（二）存在的问题

1. 税收优惠使用范围狭窄

对企业环保设施升级改造以及生产设备技术提升设定了相关优惠政策，但这些政策并没有囊括企业为满足自身生产经营服务需求而投资建设的节能节水环保项目，这不利于提高企业节约资源、保护环境的积极性和主动性。

2. 税收优惠执行限制条件过多

在购买环保专用设备时享受投资抵免额优惠政策，需要进行一系列烦琐的申报备案，每台设备都要进行登记备案，并且只有满足相关参数标准的设备才有资格申请优惠，政策优惠力度不足，无法吸引更多企业尤其是小企业投资，达不到理想中的激励效果。很多环保企业的固定资产并不符合所得税中加速折旧的两个条件，一定程度上打击了企业对设备进行更新换代的积极性。此外优惠时间短，现行所得税对污水处理企业的优惠期限一般为 6 年、3 年，与污水处理企业的运行路径不匹配，因为企业从开始投产经营到初具规模再到开始盈利一般需要几年时间的过渡。

四 价格政策进展和主要问题

（一）价格政策现状

1. 污水处理费

根据国家发展改革委《关于创新和完善促进绿色发展价格机制的意见》（发改价格规〔2018〕943 号），按照补偿污水处理和污泥处置设施运营成本（不含污水收集和输送管网建设运营成本）并合理盈利的原则，制定污水处理费标准，并依据定期评估结果动态调整；鼓励地方根据企业排放污水中主要污染物种类、浓度和环保信用评级等，分类分档制定差别化收费标准；探索建立污水处理农户付费制度。

2. 污水处理服务费

《"十四五"城镇污水处理及资源化利用发展规划》提出，构建以污染物削减绩效为导向的考核体系，政府与企业签订项目协议时，要将污水处理厂进水污染物浓度、污染物削减量和污泥无害化处置率等核心指标纳入考核范围，开展工程建设与运营效果联动考核。鼓励建立运营服务费与污水处理厂进水污染物浓度、污染物削减量挂钩的按效付费机制。《关于加快推进城镇环境基础设施建设的指导意见》（国办函〔2022〕7 号）明确，推广按照污水处理厂进水污染物浓度、污染物削减量等支付运营服务费。重庆市、广东省等省市"十四五"污水处理规划均对"将污水处理厂进水浓度指标纳入排水设施运营单位的考核范围"进行了响应。

3. 再生水价格

再生水价格主要由城市价格主管部门制定。2009年，国家发改委会同住房城乡建设部发布《关于做好城市供水价格管理工作有关问题的通知》（发改价格〔2009〕1789号），明确理顺再生水与城市供水的比价关系，要求各地加大再生水设施建设的投入，研究制定对再生水生产使用的优惠政策，努力降低再生水使用成本。再生水水价的确定，要结合再生水水质、用途等情况，与自来水价格保持适当差价，鼓励再生水的使用。具备条件的地区，要强制部分行业使用再生水，扩大再生水使用范围。2018年，国家发展改革委印发《关于创新和完善促进绿色发展价格机制的意见》（发改价格规〔2018〕943号），指导各地制定有利于再生水利用的价格政策。明确按照与自来水保持竞争优势的原则确定再生水价格，推动园林绿化、道路清扫、消防等公共领域使用再生水。具备条件的可协商定价，探索实行累退价格机制。

4. 优惠电价

2025年底前，对实行两部制电价（指将与容量对应的基本电价和与用电量对应的电量电价结合起来决定的电价）的污水处理企业用电免收需量（容量）电费，污水处理厂可根据实际用电情况自愿选择执行峰谷分时电价或平段电价。完善电力峰谷分时电价政策，扩大应用面并逐步扩大峰谷价差。

（二）存在问题

1. 污水处理成本分摊机制导向不明晰

现有污水处理收费政策对如何协调国家财力、企业利益、消费者利益三者之间的关系没有明确界定。从 2014 年 12 月到 2018 年 6 月，国家层面共出台了三份有关城镇生活污水收费的主要文件，即《污水处理费征收使用管理办法》（财税〔2014〕151 号）、《关于制定和调整污水处理收费标准等有关问题的通知》（发改价格〔2015〕119 号）、《关于创新和完善促进绿色发展价格机制的意见》（发改价格规〔2018〕943 号），污水处理收费定价边界进一步明确。目前按照补偿污水处理和污泥处置设施的运营成本（不含污水收集和输送管网建设运营成本以及污水处理厂建设成本）并合理盈利的原则，制定污水处理费用标准。然而，污水处理领域虽然被定为保本微利领域，但收费标准是按照全成本还是非全成本，意见并未统一，造成一些地方污水处理费的制定和调整过程缺乏科学性。

2. 污水处理收费执行不到位

农村污水或垃圾治理等领域尚未建立污染者付费机制。污水处理厂出水标准、企业污水排放污染物浓度不同，但执行相同污水处理收费标准。地方污水处理费仅随国家标准变化，无法持续补偿污水处理设施运行成本。根据《城市供水统计年鉴 2016》统计信息分析，2016 年全国一半以上城市现行的自来水价格与成本倒挂。我国各地平均污水处理成本为 1~1.2 元/吨，社会污水处理费收入为 0.8~1 元/吨，即多数省市还有一部分资金缺口尚需地方财政弥补。根据 Wind 的数据，36 个大中城市的居民污水处理费从 2004 年 10 月的 0.46 元/米^{3}缓慢上涨至 2018 年 12 月的 0.98 元/米^3，14 年增长 113.04%（见图 3-4）。

3. 污水处理服务费价格动态调整困难

污水处理服务费由污水处理费和财政补贴两部分构成，受我国大部

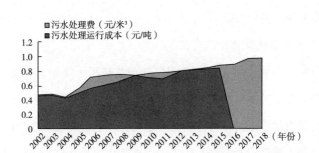

图 3-4 2002~2018 年我国污水处理费和污水处理运行成本

注：污水处理运行成本＝污水处理厂当年运行费用/污水实际处理量。

资料来源：《污水处理行业：破局政策已出，污水处理价格机制或将迎突破》，

2019 年 3 月 5 日，https：//www.cspengyuan.com/static/clientlibs/pengyuancmscn/

pdf/CreditResearch/Bond-MarketResearch/ThematicStudies/污水处理行业：破局

政策已出，污水处理价格机制或将迎突破.pdf。

分地区调价条款不明确、调价公式复杂且缺乏可操作性、调价程序复杂等影响，污水处理服务费单价变动的情况较少发生，或即使启动调价机制也普遍存在较长时滞，故服务费标准多年不变。然而，随着污水处理提质增效、人力成本和污水处理设备标准提高，污水处理厂运行成本持续上升。在污水服务费标准不变、污水处理成本增加的双重压力下，污水处理企业亏损逐年累计。

4. 政府制定再生水价格处于两难境地

对再生水实行政府定价管理的地区，所制定再生水价格高的，再生水与自来水等常规水源相比价格优势难以显现，用户使用意愿低，使用量少，限制了再生水开发利用的规模与发展速度；所制定价格低的，价

格与生产成本倒挂，再生水企业处于亏损状态，难以持续运营，制约再生水行业健康可持续发展。

5. 用电优惠政策执行不到位

部分地区（如安徽省）将污泥处理企业与污水处理企业加以区分，污泥处理不享受基本电费减免政策。再生能源电价补贴滞后，仅有少数省份出台了农村生活污水处理用电优惠政策。针对有机肥生产厂商、农村污水处理设施等运行所需的用地、用电等优惠价格机制还未形成，甚至对其按工业用电价格征收。

五 金融政策进展和主要问题

（一）金融政策现状

1. 信贷

绿色信贷指商业银行在贷款决策过程中，注重资源消耗和环境保护，追求贷款生态效益，促进生态建设和经济可持续协调发展的一种融资方式。国家相继出台《绿色信贷指引》《绿色信贷统计制度》《绿色信贷实施情况关键评价指标》《关于开展银行业存款类金融机构绿色信贷业绩评价的通知》《绿色债券支持项目目录》《绿色债券发行指引》《关于支持绿色债券发展的指导意见》《关于构建绿色金融体系的指导意见》，建立起完善的绿色信贷政策框架，积极推广实施绿色信贷业绩评价方案。截至2021年底，我国绿色信贷余额增长至15.9万亿元，同比增长33%（吴秋余，2022）。以兴业银行为例，长江大保护涉及的水资源利用和水污染防治是兴业银行绿色信贷投向的重点领域，在接近9000亿元绿色金融融资余额中，水资源利用和保护领域的融资余额占银行全部绿色金融业务的比例超过 1/3。①

2. 债券

支持符合条件的节能环保企业发行绿色债券，统一国内绿色债券界定标准，发布与《绿色产业指导目录（2019 年版）》相一致的《绿色债券支持项目目录》。选择资质较好的节能环保企业，开展非公开发行企业债券试点，优先支持水务、环境保护、交通运输等市场化程度较高、公共服务需求稳定、现金流可预测性较强的行业开展资产证券化。鼓励符合条件的项目运营主体在资本市场通过发行公司债券、企业债券、中期票据、定向票据等进行融资。鼓励项目公司发行项目收益债券、项目收益票据、资产支持票据等。

2021 年，中国境内绿色债券发行量超过了 6000 亿元，同比增长 180%，余额达到 1.1 万亿元，在全球居于前列（吴秋余，2022）。

3. 基金

（1）国家绿色发展基金

作为国家级投资基金，国家绿色发展基金也将为推动绿色产业发展和经济高质量发展注入新动力。2020 年 7 月，国家绿色发展基金股份有限公司经国务院批准设立，由财政部、生态环境部和上海市人民政府共同发起，包括四川省在内的沿长江经济带省市共同出资，并吸收国有资本和社会资本。国家绿色发展基金将采取多元化投资方式，具体包括绿色发展相关项目类直接投资、绿色发展相关产业企业股权投资、子基金类投资，其中子基金类投资包括但不限于参股长江经济带沿线省市地

---

① 《绿色金融的川渝实践：海绵城市、污水处理背后的金融服务逻辑》，2019 年 6 月 13 日，https：//www.thepaper.cn/newsDetail_forward_3652656。

方政府或行业发起设立的绿色发展相关子基金。

（2）基础设施领域不动产投资信托基金（REITs）

2020 年 4 月 24 日，中国证监会、国家发展改革委联合发布《关于推进基础设施领域不动产投资信托基金（REITs）试点相关工作的通知》（证监发〔2020〕40 号）。8 月 6 日，中国证监会发布《公开募集基础设施证券投资基金指引（试行）》（中国证券监督管理委员会公告〔2020〕54 号）。我国当前存量基建资产在 100 万亿元以上，若将 1% 的优质项目转变为公募 REITs，市场规模将超过 1 万亿元。① 市场规模巨大，为污水管网资产上市提供了广阔的市场空间。公募 REITs 具有以下几个特性。一是能够获取稳定的现金流收益。根据试点要求，公募 REITs 的底层资产聚焦于基础设施领域，通常是已经进入稳定经营期的优质公共资产，如能源领域的电厂、交通领域的高速公路等，风险较低、收益稳定。二是投资回收期限一般较长，可设计为长期限产品，以与长期资金的资产负债期限匹配；同时，公募 REITs 可以在证券市场中交易，这使其投资方式更加灵活。三是投资风险相对较易识别。与产业债、城投债、股票等传统金融资产相比，公募 REITs 的底层资产多为成熟的基建项目，经营收益波动性较小，对投资风险的识别相对容易，对于密切跟踪经营主体运营情况的要求有所降低，可以成为银行资金、养老资金、保险资金等长期资金在资产配置中的有效补充。四是对企业而言，有助于实现轻资产化运营，进而降低企业的杠杆率。企业可将优质资产打包并形成 REITs 发售，实现资金的回笼，缩短投资回流的期限，

---

① 《公募 REITs 来了：超万亿的资产 IPO 盛宴，地产基金连夜组队抢份额》，2021 年 1 月 18 日，https://www.chinaventure.com.cn/news/112-20210118-360118.html。

提高项目的内部收益率；同时，公募 REITs 模式有助于企业在实现轻资产化运营的过程中缓解负债端压力，降低杠杆率，使企业不断优化自身的财务报表，重新获得提升杠杆的空间。

首创股份污水处理类项目率先进行尝试。2020 年 8 月 29 日，北京首创股份公告称，为积极响应国家政策号召，公司拟开展公开募集基础设施证券投资基金的申报发行工作。拟选取的标的资产为深圳首创水务有限责任公司持有特许经营权的深圳市福永、燕川、公明污水处理厂 BOT 特许经营项目，合肥十五里河首创水务有限责任公司持有特许经营权的合肥市十五里河污水处理厂 PPP 项目。拟定募集规模约为 18.35 亿元。80%以上基金资产投资于首创股份基础设施资产支持证券，分享优质水务基础设施资产运营收益。首创股份作为战略配售投资人，认购不低于 20%的基金份额，其中基金份额发售总量的 20%持有期自上市之日起不少于 60 个月，超过 20%部分持有期自上市之日起不少于 36 个月，基金份额持有期间不允许质押。专业投资人可参与战略配售，持有期限不少于 12 个月。

（二）存在的问题

1. 绿色金融通用标准体系尚未健全

现有绿色金融制度体系难以对银行机构识别绿色项目和绿色企业提供充足的操作性指导，缺乏相应的实施细则和奖补标准，缺少配套的绿色企业、绿色项目认定标准。

2. 绿色金融管理法规尚未发布

我国尚未发布有关绿色金融的管理法规，现行制度以规范性文件为主，对银行开展绿色信贷业务指导性较强，而强制执行力不足，信贷政策对落实环境与社会风险管理责任的具体要求体现不足。

3. 环保企业环境信息披露不足

上市公司环保核查失效或低效，环境信息披露不足，环境信息收集、分析及咨询服务专业化能力不强，项目绿色属性尚需进行有效认证，强制性环境信息披露制度亟须进一步完善。

4. 建设资金投入巨大，融资渠道窄

污水管网建设资金投入巨大，后期也需要保证运行及养护维修费用，具有投资规模大、内部收益低、回收周期长的特点。由于项目占用资金量大，企业需要进行项目融资，造成企业资产负债率持续提高，客观上造成目前企业主要通过政策性银行信贷满足项目资金需求，融资渠道过于单一，缺乏形式灵活的融资方式。由此，投资者建设管网积极性不高，造成大部分城市管网建设滞后。

六　污水处理行业绿色发展经济政策建议

持续增加污水处理资金投入，加快形成财政投入为主、社会资本为辅的资金投入格局，健全多元化财政资金投入机制，加大金融政策对"肥瘦搭配"项目的资金支持力度，持续优化税收优惠政策，拓宽价格优惠适用范围。

（一）增加财政资金投入，发挥多项资金合力

进一步加大对污水处理和再生水利用项目的财政资金投入力度，推行水污染防治市政公债制度。加强污水治理财政资金与地方碧水保卫战重点任务、污水治理项目履约考核结果的衔接，健全污水处理多元化财政资金投入保障和统筹机制，研究将城市管网及污水处理补助资金纳入

中央生态环保转移支付资金进行管理，支持试点省份中央生态环境资金预储备项目清单编制向排水管网项目倾斜，加大财政资金对排水管网排查建档的支持力度，制定出台污水处理回用设施以及再生水管网的以奖代补政策。

（二）加大税收优惠力度，降低企业降本增效成本

加大污水处理和再生水企业的税收优惠力度，将污水处理劳务增值税由先征再返 70%恢复为免征，将再生水产品增值税由先征再返 50%改为免征。加大污水处理高新技术的引进、使用与转让环节的税收优惠力度，提高企业高新技术研发费用扣除标准。对更新先进污水治理技术的企业给予税收优惠，对购买环保设备的企业给予适当财政补贴或税收减免，降低企业更新先进技术的成本（董战峰等，2021）。

（三）推进污水处理价格改革，推动再生水市场定价

继续推进农村污水处理付费制度，加强对自备水源用户的管理，实施装表计量，确保污水处理费应收尽收。根据地方经济发展水平、财力情况等，按照补偿污水处理和污泥处置设施运营成本并合理盈利的原则，探索与水价同步实施阶梯式收费方式，实施污水处理费差异化动态调整政策。鼓励有条件的地方开展排水管网建设运维成本纳入污水处理费用试点，建立与处理标准相协调的收费指导标准，支持处理标准高的地区相应提高污水处理费（吴丽玲，2019）。鼓励地方积极探索将污水处理运营服务费与污水处理厂进水污染物浓度、污染物削减量挂钩的按效付费机制。建立健全再生水生产成本监审制度，推进再生水定价由再生水供应企业和用户按照优质优价原则自主协商。对于提供公共生态环境服务功能的河湖湿地生态补水、景观环境用水使用再生水的，鼓励采

用政府购买服务方式，推动区域再生水循环利用。探索污泥处理企业纳入污水处理基本电费减免范围，将镇村污水处理电费纳入农用电或居民用电体系，对环保设施试行优惠气价、地价。

（四）创新金融支持政策，优先保障市场化运作项目

采取财政贴息等方式加大对城市污水处理和再生水项目的扶持力度，鼓励各类金融机构加大信贷发放力度。健全债券和基金政策，加强资本市场融资，全面健全绿色金融信贷支持体系。降低水污染治理企业票据的再贴现率。鼓励金融机构开发设计绿色环保信贷产品，专门用于支持污水处理与再生水利用等项目。探索企业发行城市污水处理和再生水项目债券，支持企业以应收账款或其他资产为基础发行企业债券。支持设立绿色发展基金，建立绿色评级体系以及公益性的环境成本核算和影响评估体系，实行市场化运作（苏明，2014）。完善对城市污水处理和再生水项目的各类担保机制，加大风险补偿力度。加大金融资金对污水处理"肥瘦搭配"项目的支持力度，建立健全生态环保金融支持项目储备库。加大生态环保金融支持项目储备库对厂网一体化、供排水一体化项目的保障，鼓励国家开发银行开发污水处理支持工具。

第四章　区域环境经济政策

　　党的十八大以来，以习近平同志为核心的党中央着眼于中华民族伟大复兴，用大战略运筹区域协调发展大棋局，引领我国区域协调发展取得历史性成就、发生历史性变革。习近平总书记亲自谋划、亲自部署、亲自推动京津冀协同发展、长江经济带发展、粤港澳大湾区建设、长三角一体化发展、黄河流域生态保护和高质量发展等一系列具有全局性意义的区域重大战略，不断推动形成优势互补、高质量发展的区域经济布局。①

　　在习近平总书记的领航掌舵下，京津冀地区紧紧抓住北京非首都功能疏解这个"牛鼻子"，高质量推进雄安新区和北京城市副中心建设；长江经济带坚持"共抓大保护、不搞大开发"的战略导向，持续深化

---

① 《国务院关于区域协调发展情况的报告——2023 年 6 月 26 日在第十四届全国人民代表大会常务委员会第三次会议上》，2023 年 6 月 28 日，http：//www.npc.gov.cn/npc/c30834/202306/c9d27241ef144485a825db62fb58086e.shtml。

生态环境系统保护修复，全面实施长江"十年禁渔"；粤港澳大湾区合作持续深化，2021 年粤港澳大湾区内地九市地区生产总值超过 10 万亿元；长三角紧扣"一体化"和"高质量"两个关键，长三角生态绿色一体化发展示范区建设硕果累累；黄河流域防洪体系不断完善，用水增长过快局面得到有效控制。①

为了进一步推动区域绿色发展，2021 年中共中央、国务院发布《关于深入打好污染防治攻坚战的意见》，明确提出要聚焦国家重大战略打造绿色发展高地。具体来说，就是强化京津冀协同发展生态环境联建联防联治，打造雄安新区绿色高质量发展"样板之城"；积极推动长江经济带成为我国生态优先绿色发展主战场；深化长三角地区生态环境共保联治；扎实推动黄河流域生态保护和高质量发展；加快建设美丽粤港澳大湾区。

在习近平生态文明思想的指引下，在各级政府和有关部门的持续推动下，各地积极运用市场经济手段对经济主体进行内生调控，绿色财政与补贴制度基本建立、环境税费政策持续完善、资源环境价格机制不断健全、绿色金融政策体系稳步构建，推动形成了生态环境保护的长效机制。环境经济政策已经成为助力区域绿色发展的强劲动能。

第一节　京津冀绿色发展

北京、天津、河北地域面积 21.6 万平方公里，人口 1.1 亿，是我

---

① 《中共中央宣传部举行完整、准确、全面贯彻新发展理念 推动高质量发展新闻发布会》，2022 年 6 月 28 日，http://www.scio.gov.cn/xwfb/gwyxwbgsxwfbh/wqfbh _2284/2022n_2285/48424/。

国北方经济的重要核心区。① 长期以来，北京和天津都属于老牌直辖市，是国家发展的先行区域，尤其北京作为首都在经济高质量发展和生态环境高水平保护方面更加受重视，导致京津冀地区环境经济协调关系虽然整体呈改善态势，但三个地区间的环境经济发展不均衡问题依然存在，在拉动经济增长的同时实现大气和废水主要污染物减排的状态并不稳定，对个别污染物排放量增加的贡献率远大于推动经济增长的贡献率，各省市在经济发展、环境保护等各个方面都有比较大的差距。

习近平总书记一直十分关心京津冀协同发展问题。2013 年 5 月，他在天津调研时提出，要谱写新时期社会主义现代化的京津"双城记"。2013 年 8 月，他在北戴河主持研究河北发展问题时，又提出要推动京津冀协同发展。② 2014 年 2 月，习近平总书记在北京主持召开座谈会，专题听取京津冀协同发展工作汇报，明确将实现京津冀协同发展作为重大国家战略，强调"要坚持优势互补，互利共赢、扎实推进，加快走出一条科学持续的协同发展路子来"（乔杨等，2023）。

一 强化大气污染联防联治

京津冀协同发展是国家的一项重大战略，战略的核心是有序疏解北京非首都功能，调整经济结构和空间结构，促进区域协调发展。生态环

---

① 《京津冀协同发展》，2019 年 11 月 27 日，https：//www.ndrc.gov.cn/gjzl/jjjxtfz/201911/t20191127_1213171.html。

② 《打破"一亩三分地"习近平就京津冀协同发展提七点要求》，2014 年 2 月 27 日，http：//www.xinhuanet.com/politics/2014-02/27/c_119538131.htm。

境保护是协同发展的三大突破口之一，大气污染防治是京津冀地区需要解决的重点环境问题。为贯彻落实习近平总书记重要讲话精神，着力解决群众身边的重大环境问题，生态环境部大力推进工业企业污染治理，积极稳妥推进散煤治理，强化秸秆和扬尘综合管控，积极应对重污染天气，连续 5 年开展秋冬季攻坚行动，落实清洁取暖补贴、差别电价、税收减免优惠等一系列环境经济政策。

大气治理，必须本地治污和区域共治相协同。2015 年，京津冀三地环保厅局正式签署了《京津冀区域环境保护率先突破合作框架协议》；2017 年，三地联合发布《建筑类涂料与胶粘剂挥发性有机化合物含量限值标准》，是环保领域首个区域性统一标准；2018 年，在生态环境部的统一调度下，区域统一空气重污染预警分级标准，实现区域共同预警、应急联动；2019 年，区域开始实施重污染天气重点行业绩效分级差异化管理，在污染应急时，优先管控环保管理水平差、污染物排放量大的重点行业企业，避免"一刀切"；2020 年，区域开展夏季挥发性有机物治理攻坚行动，有效遏制了夏季臭氧污染；2022 年初，成立京津冀生态环境联建联防联治工作协调小组，协商解决跨省（市）重大生态环境问题；同年 6 月，在生态环境部的推动下，京津冀三地生态环境部门联合签署了《"十四五"时期京津冀生态环境联建联防联治合作框架协议》，标志着三地生态环境部门将继续站在京津冀协同发展的高度，从更多领域协同互利共赢。

京津冀区域生态环境保护相关文件见表 4-1。

表 4-1　京津冀区域生态环境保护相关文件（节选）

成文日期	标题	发文字号
2021 年 10 月 29 日	《关于印发〈2021—2022 年秋冬季大气污染综合治理攻坚方案〉的通知》	环大气〔2021〕104 号
2020 年 10 月 30 日	《关于印发〈京津冀及周边地区、汾渭平原 2020—2021 年秋冬季大气污染综合治理攻坚行动方案〉的通知》	环大气〔2020〕61 号
2019 年 10 月 11 日	《关于印发〈京津冀及周边地区 2019—2020 年秋冬季大气污染综合治理攻坚行动方案〉的通知》	环大气〔2019〕88 号
2018 年 9 月 21 日	《关于印发〈京津冀及周边地区 2018—2019 年秋冬季大气污染综合治理攻坚行动方案〉的通知》	环大气〔2018〕100 号
2018 年 5 月 2 日	《关于通报京津冀大气污染传输通道城市秋冬季环境空气质量目标完成情况的函》	环办大气函〔2018〕216 号
2018 年 1 月 16 日	《关于京津冀大气污染传输通道城市执行大气污染物特别排放限值的公告》	公告 2018 年第 9 号
2017 年 12 月 15 日	《关于开展京津冀及周边地区"2+26"城市 2017 年冬季供暖保障工作专项督查的函》	环办环监函〔2017〕1955 号
2017 年 8 月 29 日	《关于印发〈京津冀及周边地区 2017—2018 年秋冬季大气污染综合治理攻坚行动强化督查方案〉的通知》	环环监〔2017〕116 号
2017 年 8 月 28 日	《关于印发〈京津冀及周边地区 2017—2018 年秋冬季大气污染综合治理攻坚行动强化督查信息公开方案〉的通知》	环环监〔2017〕114 号
2017 年 8 月 28 日	《关于印发〈京津冀及周边地区 2017—2018 年秋冬季大气污染综合治理攻坚行动量化问责规定〉的通知》	环督察〔2017〕115 号
2017 年 8 月 28 日	《关于开展京津冀及周边地区 2017—2018 年秋冬季大气污染综合治理攻坚行动巡查工作的通知》	环环监〔2017〕113 号

成文日期	标题	发文字号
2017 年 8 月 21 日	《关于印发〈京津冀及周边地区 2017—2018 年秋冬季大气污染综合治理攻坚行动方案〉的通知》	环大气〔2017〕110 号
2016 年 12 月 28 日	《关于开展火电、造纸行业和京津冀试点城市高架源排污许可证管理工作的通知》	环水体〔2016〕189 号
2016 年 2 月 2 日	《关于统一京津冀城市重污染天气预警分级标准强化重污染天气应对工作的函》	环办应急函〔2016〕225 号
2014 年 7 月 25 日	《关于印发〈京津冀及周边地区重点行业大气污染限期治理方案〉的通知》	环发〔2014〕112 号

八年来，在生态环境部的指导支持下，在三地政府的统筹组织下，京津冀区域大气环境质量实现了大幅改善。北京市生态环境局数据显示，2021 年，三地细颗粒物（$PM_{2.5}$）年均浓度首次全部步入"30＋"阶段，重污染天数大幅消减、优良天数大幅增加，其中北京市 $PM_{2.5}$ 年均浓度降至 33 微克/米^3，空气质量首次全面达标。特别是 2022 年北京冬奥会期间（2 月 4 日至 2 月 20 日），北京市 $PM_{2.5}$ 平均浓度为 23 微克/米^3（王珊，2022），空气质量始终保持优良水平，"北京蓝"成为冬奥会靓丽底色，得到国际国内社会一致好评。

二　携手构建产业发展新路径

绿色发展是生态文明建设的必然要求，是解决污染问题的根本之策。生态环境问题归根到底是经济发展方式问题。习近平（2019）总书记指出："杀鸡取卵、竭泽而渔的发展方式走到了尽头，顺应自然、保护生态的绿色发展昭示着未来。"

　　京津冀地区推动形成绿色发展方式，就是要彻底改变过去那种以牺牲生态环境为代价换取一时经济发展的做法，从根本上缓解经济发展与资源环境之间的矛盾，构建科技含量高、资源消耗低、环境污染少的产业结构，调整能源结构，大幅提高经济绿色化程度，有效降低发展的资源环境代价。按照《京津冀协同发展规划纲要》提出的产业定位，京津两市侧重研发、创新和示范，河北是先进产业的聚集区和生产基地。

　　根据相关要求，北京市以城市总规为引领，把26.1%的土地划定为生态保护红线；大力调整能源结构，压减燃煤超九成，平原区基本实现无煤化；大力调整产业结构，疏解一般制造业企业近3000家，"散乱污"企业实现动态清零，经济结构向高精尖快速转型发展①，截至2021年高精尖产业增加值占地区生产总值比重达到30.1%②。天津市在全国率先制定《天津市碳达峰碳中和促进条例》，大力实施"871"重大生态工程，绿色生态屏障区内蓝绿空间占比超过65%；分类整治2.2万家"散乱污"企业，有力破解"钢铁围城""园区围城"问题。③河北省强力推进钢铁、火电等重点行业节能增效，积极发展风电、光伏、氢能等绿色能源，近十年全省单位GDP能耗累计下降43%；农村清洁取暖

① 《中共北京市委举行"中国这十年"主题新闻发布会》，2022年9月1日，http://www.scio.gov.cn/xwfbh/xwbfbh/wqfbh/47673/49062/index.htm。

② 《"新时代工业和信息化发展"系列新闻发布会第十场今日举行 介绍十年来我国制造业区域协调发展情况》，2022年9月23日，https://wap.miit.gov.cn/gzcy/zbft/art/2022/art_a5c3819260b04dc1ab7af974868b63ba.html。

③ 《中共天津市委举行"中国这十年"主题新闻发布会》，2022年8月30日，http://www.scio.gov.cn/xwfbh/xwbfbh/wqfbh/47673/48983/index.htm。

累计改造 1296.5 万户，实现了能改尽改。①

在各级政府和社会企业的共同努力下，京津冀区域绿色发展水平不断提升，区域绿色发展指数年均提高 6.8 个百分点。其中，2020 年京津冀三地单位 GDP 能耗分别比 2014 年下降 28.7%、25.0% 和 26.1%（按可比价格计算）；区域节能环保支出占一般公共预算支出的比重为4.2%，比 2014 年提高 0.4 个百分点。②

三 打造绿色发展样板之城

2017 年 4 月 1 日，中共中央、国务院决定设立河北雄安新区的消息公布后，2018 年 4 月 21 日，《河北雄安新区规划纲要》正式发布。作为新区发展的基本依据，"绿色"在整个规划纲要中出现 42 次，绿色发展指标占新区规划指标的近一半，绿色生态宜居新城区列四大战略定位首位。

雄安新区作为首都"一体两翼"的"两翼"之一，良好生态环境是其重要的价值体现。5 年多来，雄安新区统筹白洋淀生态保护和污染治理，通过一体推进补水、清淤、治污、防洪、排涝，共实施治理工程243 个，累计补水 15.8 亿立方米，"华北之肾"功能加快恢复，水质由2017 年劣 V 类提升至全域 III 类，步入全国良好湖泊行列③；启动"千年

---

① 《中共河北省委举行"中国这十年"主题新闻发布会》，2022 年 8 月 9 日，http：//www.scio.gov.cn/xwfbh/xwbfbh/wqfbh/47673/48747/index.htm。
② 《京津冀区域发展指数稳步提升》，2021 年 12 月 21 日，https：//www.gov.cn/xinwen/2021-12/21/content_5663529.htm。
③ 《促进京津冀绿色协同发展》，2022 年 4 月 24 日，http：//paper.ce.cn/pc/content/202204/24/content_252880.html。

秀林"工程，累计造林 45.4 万亩 2300 余万株，森林覆盖率由最初的 11% 提高到 32%，形成了森林环城、湿地入城美丽景观①；扎实推进空气质量保障各项工作落实，2017 年以来，新区完成清洁取暖 37 万多户，其中气代煤 31 万户、电代煤 6 万多户，基本实现了"无煤区"建设，210 家 VOCs 低效治理企业升级改造，2021 年雄安新区空气质量综合指数和 $PM_{2.5}$ 浓度分别较 2017 年改善 27.73% 和 36.92%（田恬，2022）。

绿色是硬要求，发展是硬道理，舍弃生态环境保护的经济发展是竭泽而渔，舍弃经济发展的生态环境保护是缘木求鱼。雄安新区不仅努力推动生态环境保护，筑牢发展绿色底色，同时也积极推动传统产业转型升级，加快建设承接北京非首都功能疏解项目。5 年多来，中央企业在此设立分支机构 100 多家，在新区注册的北京投资来源企业 3700 多家，中国星网、中国中化、中国华能等疏解的央企总部启动建设，中国矿产资源集团注册落地，首批疏解的高校、医院也基本确定选址（贺勇、邓剑洋，2022）。

第二节 长江打造生态文明建设黄金水道

长江是中华民族的母亲河，也是中华民族发展的重要支撑。沿江的上海、江苏、浙江、安徽、江西、湖北、湖南、重庆、四川、云南、贵州等 11 个省市，横跨我国东中西三大板块，地域面积约 205.23 万平方

---

① 《云游协同发展新地标丨千年秀林：绿色先行，铺展雄安底色》，2022 年 7 月 21 日，http://www.xiongan.gov.cn/2022-07/21/c_1211669061.htm。

公里，占全国的 21.4%，人口和地区生产总值均超过全国的 40%，生态地位突出，发展潜力巨大。①

2016 年，习近平总书记在重庆主持召开推动长江经济带发展座谈会时，全面深刻阐述了推动长江经济带发展的重大战略思想，指出当前和今后相当长一个时期，要把修复长江生态环境摆在压倒性位置，"共抓大保护，不搞大开发"（张艳国，2018）。2018 年和 2020 年，习近平总书记又分别在湖北武汉和江苏南京召开深入推动长江经济带发展座谈会和全面推动长江经济带发展座谈会，对长江经济带发展先后提出应该走出一条生态优先、绿色发展的新路子（习近平，2018），应该在践行新发展理念、构建新发展格局、推动高质量发展中发挥重要作用②等要求。

从"推动"到"深入推动"，再到"全面推动"，在以习近平同志为核心的党中央坚强领导下，长江流域生态环境保护发生了转折性变化，经济社会发展取得历史性成就，上海、江苏、浙江、江西、湖北、湖南、重庆等多个省市环境经济协调关系达到或趋近高度协调，拉动经济增长的同时实现污染物减排的趋势向好。据统计，2021 年，长江经济带优良水质比例达 92.8%，沿江 11 省市经济总量占全国的比重从 2015 年的 45.1%提高到 2021 年的 46.6%，对全国经济增长的贡献率，从 2015 年的 47.7%提高到 2021 年的 50.5%（王浩，2022），实现了在

---

① 《推动长江经济带发展战略基本情况》，2019 年 7 月 13 日，https：//cjjjd. ndrc. gov. cn/zoujinchangjiang/zhanlue/。
② 《习近平主持召开全面推动长江经济带发展座谈会并发表重要讲话》，2020 年 11 月 15 日，https：//www. gov. cn/xinwen/2020-11/15/content_5561711. htm。

发展中保护、在保护中发展。

一 顶层设计坚持生态优先、绿色发展

长江经济带是我国纵深最长、覆盖面最广、影响最大的黄金经济带，在我国区域发展格局中具有极其重要的地位和作用。但在发展初期，由于一味追求经济高速增长，部分沿江省市忽视了流域环境容量的有限性和生态环境的脆弱性，透支了生态环境账户，导致生物物种急剧减少，湖泊、湿地和草地大幅萎缩，空气、水、土壤污染严重。

党中央高度重视长江经济带绿色发展，2014 年 12 月，中共中央成立推动长江经济带发展领导小组，由党中央、国务院领导同志担任组长，党中央、国务院有关领导同志担任副组长，中央和国家机关有关部门、沿江 11 省市政府和有关单位负责同志为成员，领导小组办公室设在国家发展改革委。

在习近平生态文明思想的指引下，长江经济带将生态优先、绿色发展的理念融入顶层设计。2016 年正式印发《长江经济带发展规划纲要》，确定了"生态优先、流域互动、集约发展"的思路，提出以长江黄金水道为依托，发挥上海、武汉、重庆的核心作用，以沿江主要城镇为节点，构建沿江绿色发展轴。2021 年正式实施的《中华人民共和国长江保护法》体现了环境质量底线、资源利用上线、生态保护红线以及生态环境准入清单这"三线一单"的要求，并明确禁止在长江流域重点生态功能区布局对生态系统有严重影响的产业，禁止重污染企业和项目向长江中上游转移，禁止在长江干支流岸线一公里范围内新建、扩建化工园区和化工项目，禁止在长江干流岸线三公里范围内和重要支流

岸线一公里范围内新改扩建尾矿库。

　　为科学谋划"十四五"时期长江经济带发展，推动长江经济带发展领导小组办公室牵头组织编制了《"十四五"长江经济带发展实施方案》和重点领域、重点行业的专项规划与实施方案，形成了以《"十四五"长江经济带发展实施方案》为统领，以综合交通运输体系规划和湿地保护修复、塑料污染治理、重要支流系统保护修复等系列专项实施方案为支撑的"十四五"长江经济带发展"1+N"规划政策体系（见表4-2），为未来五年长江经济带发展描绘了新的宏伟蓝图。

表4-2　"十四五"长江经济带发展"1+N"规划政策体系

	文件名称	印发日期
1	《"十四五"长江经济带发展实施方案》	2021年11月
N	《"十四五"长江经济带综合交通运输体系规划》	2021年9月
	《"十四五"长江经济带湿地保护修复实施方案》	2021年9月
	《"十四五"长江经济带塑料污染治理实施方案》	2021年9月
	《"十四五"嘉陵江流域生态环境保护与修复实施方案》	2021年10月
	《"十四五"乌江流域生态环境保护与修复实施方案》	2021年10月
	《长江经济带发展负面清单指南（试行，2021年修订版）》	2022年1月
	《关于加强长江经济带重要湖泊保护和治理的指导意见》	2021年11月

二　聚焦重点领域，做好制度保障

　　围绕推动长江经济带绿色发展，国家发展改革委、工业和信息化部、财政部、生态环境部、水利部、农业农村部、最高人民法院等分别出台相关规划和指导意见。

长江保护修复攻坚战是打好污染防治攻坚战中的重要标志性战役之一。经国务院同意，2018 年 12 月，生态环境部、国家发展改革委联合印发《长江保护修复攻坚战行动计划》。为深入推进"十四五"时期长江生态保护和修复工作，生态环境部、国家发展改革委等 17 部门于 2022 年 8 月联合印发《深入打好长江保护修复攻坚战行动方案》。方案从生态系统整体性和流域系统性出发，以改善生态环境质量为核心，坚持综合治理、系统治理、源头治理，坚持精准、科学、依法治污，立足以高水平保护推动高质量发展，明确了一系列攻坚任务。

为建立健全长江经济带生态补偿与保护长效机制，实现生态补偿、生态保护和可持续发展之间的良性互动，2018 年 2 月，财政部印发《关于建立健全长江经济带生态补偿与保护长效机制的指导意见》，强调要加大重点生态功能区转移支付对长江经济带的直接补偿力度。同年，财政部、国家发展改革委、生态环境部、水利部联合出台《中央财政促进长江经济带生态保护修复奖励政策实施方案》，累计安排奖补资金 180 亿元，支持长江经济带沿线省市加强长江生态保护修复和建立省际省内流域横向生态保护补偿机制。2021 年，财政部、生态环境部、水利部、国家林业和草原局联合印发《支持长江全流域建立横向生态保护补偿机制的实施方案》，把支流流经的贵州、广西、广东、甘肃、陕西、河南、福建、浙江等 8 省区也纳入中央财政引导和奖励范围。最高人民法院制定出台了《关于为长江经济带发展提供司法服务和保障的意见》和《关于全面加强长江流域生态文明建设与绿色发展司法保障的意见》，为长江流域生态文明建设与绿色发展提供了有力的司法服务和保障。

各部门制定的长江经济带绿色发展相关文件（节选）见表4-3。

表4-3 各部门制定的长江经济带绿色发展相关文件（节选）

文件名	发文号	印发单位	时间
《关于加强长江经济带造林绿化的指导意见》	发改农经〔2016〕379号	国家发展改革委、国家林业局	2016年2月24日
《关于加强长江经济带工业绿色发展的指导意见》	工信部联节〔2017〕178号	工业和信息化部、国家发展和改革委员会、科学技术部、财政部、环境保护部	2017年6月30日
《长江经济带生态环境保护规划》	环规财〔2017〕88号	环境保护部、国家发展改革委、水利部	2017年7月13日
《关于推进长江经济带绿色航运发展的指导意见》	交水发〔2017〕114号	交通运输部	2017年8月4日
《关于全面加强长江流域生态文明建设与绿色发展司法保障的意见》	法发〔2017〕30号	最高人民法院	2017年12月1日
《关于建立健全长江经济带生态补偿与保护长效机制的指导意见》	财预〔2018〕19号	财政部	2018年2月13日
《关于加快推进长江两岸造林绿化的指导意见》	发改农经〔2018〕1391号	国家发展改革委、水利部、自然资源部、林草局	2018年9月25日
《关于加强长江水生生物保护工作的意见》	国办发〔2018〕95号	国务院办公厅	2018年9月24日

续表

文件名	发文号	印发单位	时间
《关于加快推进长江经济带农业面源污染治理的指导意见》	发改农经〔2018〕1542 号	国家发展改革委、生态环境部、农业农村部、住房城乡建设部、水利部	2018 年 10 月 26 日
《关于开展长江经济带小水电清理整改工作的意见》	水电〔2018〕312 号	水利部、国家发展改革委、生态环境部、国家能源局	2018 年 12 月 6 日
《长江保护修复攻坚战行动计划》	环水体〔2018〕181 号	生态环境部、国家发展改革委	2018 年 12 月 31 日
《长江流域重点水域禁捕和建立补偿制度实施方案》	农长渔发〔2019〕1 号	农业农村部、财政部、人力资源社会保障部	2019 年 1 月 6 日
《长江经济带绿色发展专项中央预算内投资管理暂行办法》	发改基础规〔2019〕738 号	国家发展改革委	2019 年 4 月 21 日
《加强长江经济带尾矿库污染防治实施方案》	环办固体〔2021〕4 号	生态环境部办公厅	2021 年 2 月 26 日
《关于开展长江河道采砂综合整治行动的通知》	水河湖〔2021〕80 号	水利部、公安部、交通运输部	2021 年 3 月 11 日
《支持长江全流域建立横向生态保护补偿机制的实施方案》	财资环〔2021〕25 号	财政部、生态环境部、水利部、国家林业和草原局	2021 年 4 月 16 日
《关于全面推动长江经济带发展财税支持政策的方案》	财预〔2021〕108 号	财政部	2021 年 9 月 2 日

文件名	发文号	印发单位	时间
《深入打好长江保护修复攻坚战行动方案》	环水体〔2022〕55号	生态环境部、国家发展改革委、最高人民法院等17部门	2022年8月31日

三 长江经济带建设要"共抓大保护、不搞大开发"

习近平总书记提出"共抓大保护、不搞大开发"，不是说不要大的发展，而是首先立个规矩，不能搞破坏性开发，实现在发展中保护、在保护中发展。其中，"共抓大保护"讲的是生态环境保护问题，是前提；"不搞大开发"讲的是经济发展问题，是结果。因此，推动长江经济带绿色发展，首先要保护好生态本底，这是一场攻坚战，更是一场持久战，需要各方积极协作，共下一盘棋。

水是长江经济带最核心的要素，长江水的质量决定了长江经济带的发展质量。近年来，在山水林田湖草沙是生命共同体的系统思想指引下，长江经济带以治水为突破口，突出水污染治理、水生态修复、水资源保护"三水共治"，开展了长江入河排污口检查、"三磷"（即磷矿、磷肥和含磷农药制造等磷化工企业、磷石膏库）排查整治、打击固体废物环境违法行为、长江经济带饮用水水源地环境保护、长江干流岸线保护和利用专项检查、打击非法采砂、自然保护区监督检查等一系列行动，实施长江"十年禁渔"、城镇污水收集处理、垃圾收集转运及处理、农业面源污染治理、船舶污染防治及风险管控、尾矿库污染治理等。在党中央、国务院的正确领导和沿江各级政府的共同努力下，长江生态环境保护工作取得了明显成效，2020年长江干流首次实现了全线达到Ⅱ类水质，"微笑天使"江豚成群出现，生态环境保护发生了转折性变化，人民群众生态环境获得感显著增强。

人不负青山，青山定不负人。良好的生态环境，有力促进了沿江省市经济绿色发展。浙江丽水、江西抚州率先在全国开展生态产品价值实现机制试点，形成了一批改革经验成果，为绿水青山转化为金山银山提供了有益经验；四川在大邑县、米易县、宣汉县、洪雅县等14个地区开展生态产品价值实现机制试点工作，持续推进生态产品价值核算、生态产品供需精准对接、生态产品可持续经营开发、生态产品保护补偿、生态产品价值考核、绿色金融支持等工作。浙江和安徽率先在新安江开展跨省流域横向补偿试点，云南、贵州、四川围绕赤水河保护签订了全国首个流域横向生态保护补偿协议，共同立法保护赤水河；上海崇明、湖北武汉、重庆广阳岛、江西九江、湖南岳阳结合自身资源和禀赋特点，探索生态优先绿色发展新路子。

第三节 粤港澳绿色湾区

粤港澳大湾区由香港、澳门两个特别行政区和广东省广州、深圳、珠海、佛山、惠州、东莞、中山、江门、肇庆九个珠三角城市组成，与美国旧金山湾、纽约湾和日本东京湾并称为世界四大湾区。2020年，大湾区以不到0.6%的国土面积创造出全国12%的经济总量（毛磊等，2021），是我国开放程度最高、经济活力最强、环境经济协调关系最好的区域之一。在经济总量长期领先和人口数量稳定增长的同时，广东省生态环境质量水平和改善幅度持续走在全国前列，$PM_{2.5}$ 平均浓度率先稳定达到国家二级标准和世卫组织第二阶段标准。习近平总书记高度重视大湾区建设，发表了一系列重要论述，他明确指出，"粤港澳大湾区建设是国家重大发展战略，深圳是大湾区建设的重要引擎"（习近平，2020）。

近年习近平总书记关于大湾区建设的重要论述见表4-4。

表4-4　近年习近平总书记关于大湾区建设的重要论述

时间	场合	主要内容
2020年10月14日	在深圳经济特区建立40周年庆祝大会上的讲话	粤港澳大湾区建设是国家重大发展战略，深圳是大湾区建设的重要引擎。要抓住粤港澳大湾区建设重大历史机遇，推动三地经济运行的规则衔接、机制对接，加快粤港澳大湾区城际铁路建设，促进人员、货物等各类要素高效便捷流动，提升市场一体化水平
2021年9月27日	在中央人才工作会议上的讲话	综合考虑，可以在北京、上海、粤港澳大湾区建设高水平人才高地，一些高层次人才集中的中心城市也要着力建设吸引和集聚人才的平台，开展人才发展体制机制综合改革试点，集中国家优质资源重点支持建设一批国家实验室和新型研发机构，发起国际大科学计划，为人才提供国际一流的创新平台，加快形成战略支点和雁阵格局
2021年12月11日	向2021年大湾区科学论坛致贺信	粤港澳大湾区要围绕建设国际科技创新中心战略定位，努力建设全球科技创新高地，推动新兴产业发展
2022年10月16日	在中国共产党第二十次全国代表大会上的报告	推进粤港澳大湾区建设，支持香港、澳门更好融入国家发展大局，为实现中华民族伟大复兴更好发挥作用

资料来源：习近平（2020，2022）；《习近平在中央人才工作会议上强调 深入实施新时代人才强国战略 加快建设世界重要人才中心和创新高地》，《人民日报》2021年9月29日，第1版；《习近平向2021年大湾区科学论坛致贺信》，《人民日报》2021年12月12日，第1版。

2019 年 2 月，中共中央、国务院印发《粤港澳大湾区发展规划纲要》，明确提出以建设美丽湾区为引领，着力提升生态环境质量，形成节约资源和保护环境的空间格局、产业结构、生产方式、生活方式，实现绿色低碳循环发展，使大湾区天更蓝、山更绿、水更清、环境更优美。

一 积极开展生态环境治理合作

大湾区涵盖一个国家、两种制度、三个不同区域，在这样的条件下实现绿色发展，需要粤港澳三地通力合作。在国家有关部门的大力支持下，粤港澳三地的生态合作持续推进，成立了粤港环保及应对气候变化合作小组、粤澳环保合作专责小组、粤港澳跨境环境社会风险防范工作小组等，就环境空气质量监测、应对气候变化、跨境河流整治、固体废物处置、跨境环境社会风险防范与化解等领域开展交流对接。

深圳河是深港两地的界河，向东汇入深圳湾。为保护好深港之间这块共同的生态屏障，20 世纪 80 年代，深港分别在深圳湾两侧设立了深圳红树林自然保护区和香港米埔自然保护区，划定了湿地保护红线，同时开展清淤还湖、红树林补植、鸟类保护等一系列生态修复和保护行动，以及河道清淤、堤防巩固、排污口整治、水面保洁等一系列工程。[①] 经过多年持续不断的合作，深圳河、深圳湾、鸭涌河等跨境跨界水体污染治理成效明显，深圳茅洲河成功入选 2021 年度美丽河湖案例。

面对"一国两制"三法域的特殊环境，粤港澳大湾区在区域大气污染联防联治、跨境水体治理、水域船舶排放控制区建设等方面不断开

---

① 《建设"美丽湾区"：粤港澳三地协同打造生态保护屏障》，2019 年 3 月 20 日，http://m.xinhuanet.com/gd/2019-03/20/c_1124259286.htm。

展多项合作，生态环境质量不断提高（张盼，2019）。生态环境部数据显示，2021 年，大湾区 11 个城市 $PM_{2.5}$ 年均浓度全部达到世界卫生组织第二阶段过渡标准，与 2017 年相比大幅改善。珠三角九市环境空气质量优良天数整体增加，地表水达到 I ~ II 类国控断面比例为 89.2%，劣 V 类断面比例实现全面消除，近岸海域海水水质年均优良面积比例为 78.7%。

二 合力打造绿色技术创新高地

习近平总书记在致 2021 年大湾区科学论坛贺信中指出，粤港澳大湾区要围绕建设国际科技创新中心战略定位，努力建设全球科技创新高地，推动新兴产业发展。绿色技术创新是科技创新的重要一环，在美丽中国建设和实现"双碳"目标的大背景下，推进绿色技术创新对促进生态环境高水平保护和区域经济高质量发展有重要意义。

深圳是中国经济特区、全国性经济中心城市，创新正是深圳的根和魂。为发展绿色技术产业，深圳市出台了《深圳节能环保产业振兴发展规划（2014—2020 年）》《深圳市战略性新兴产业发展"十三五"规划》等一系列政策文件，构建了"基础研究+技术攻关+成果产业化+科技金融+人才支撑"的全过程创新生态链，打造了"人才+资金+载体"的绿色技术创新孵化器，成立了"一带一路"环境技术交流与转移中心（深圳）。在全过程创新生态链的有力支撑和绿色技术创新孵化器的大力推动下，深圳借助服务绿色"一带一路"建设，不断带动国内外环保产业优势资源集聚，形成了以新能源、节能环保为代表的绿色技术产业集群，涌现出中广核、比亚迪、东江环保等一批知名企业。

2021 年，深圳战略性新兴产业增加值合计 12146.37 亿元，占地区生产总值的 39.6%。其中，绿色低碳产业增加值 1386.78 亿元，占战略性新兴产业增加值的 11.42%。①

深圳只是大湾区绿色技术创新的一个缩影。广东在全省加快重点领域前瞻性技术研发和科技创新，有效促进海上风电、氢能、核能、太阳能光伏等领域关键技术实现突破。香港特区政府环境保护署联同广东省工信厅自 2008 年开展清洁生产伙伴计划以来，资助约 3300 个项目，有效推动区内节能减排。② 2022 年澳门国际环保合作发展论坛通过购买获得国际核证减排标准（VCS）的内地风电项目碳信用额，并由广州碳排放权交易中心进行"碳中和"认证，实行展会净零碳排放，对企业绿色发展起示范作用。

在绿色技术的推动下，大湾区内地 9 市已初步形成以战略性新兴产业为先导，先进制造业和现代服务业为主体的产业结构。2022 年上半年，9 市先进制造业和高技术制造业增加值占规模以上工业增加值比重分别达 55.9% 和 33.1%，形成了新一代电子信息、绿色石化、智能家电等万亿级产业集群，成为当地工业发展的主引擎。③

---

① 《站在"双碳"风口，深圳绿色低碳产业如何腾飞？》，2022 年 6 月 26 日，https：//baijiahao. baidu. com/s？id=1736663929563694704&wfr=spider&for=pc。
② 《粤港加强清洁生产合作 改善区域环境质量》，2020 年 10 月 29 日，http：//m. xinhuanet. com/2020-10/29/c_1126674965. htm。
③ 《工信部举行"新时代工业和信息化发展"系列发布会（第十场）》，2022 年 9 月 23 日，http：//www. scio. gov. cn/xwfbh/gbwxwfbh/xwfbh/gyhxxhb/Document/1731585/1731585. htm。

三　充分发挥绿色金融的支持作用

当前，碳中和已成为全球共识。应对气候变化、实现可持续发展需要大量资金，金融将在这一过程中发挥至关重要的作用。从全国来看，目前国内已经形成了全球最大的绿色信贷市场，绿色信贷余额达到 20 万亿元，绿色债券余额达到 1.4 万亿元。①

作为中国乃至全球最具有活力的经济金融圈，粤港澳大湾区具有良好的绿色金融基础，2019 年出台的《粤港澳大湾区发展规划纲要》明确支持香港打造大湾区绿色金融中心，建设国际认可的绿色债券认证机构；支持广州建设绿色金融改革创新试验区，研究设立以碳排放为首个品种的创新型期货交易所；支持澳门发展租赁等特色金融业务，探索与邻近地区错位发展，研究在澳门建立以人民币计价结算的证券市场、绿色金融平台、中葡金融服务平台。

此后，国家还出台了系列政策支持大湾区绿色发展，包括推进大湾区的绿色金融合作、提升绿色债券发行规模以及探索建立统一的绿色金融标准等。地方层面也结合自身情况，出台了《深圳经济特区绿色金融条例》《广东省发展绿色金融支持碳达峰行动的实施方案》等一系列政策文件支持绿色金融的发展。

在国家和当地政府的大力支持下，金融机构充分利用大湾区区位优势，积极打造和建设高质量的 ESG 和可持续金融体系，为大湾区绿色发展提供源源不竭的金融动力。中农工建交五大行均在花都区设立了广

---

① 《马骏：金融科技手段有助于降低"洗绿"和"漂绿"的风险》，2022 年 8 月 31 日，https：//www.thepaper.cn/newsDetail_forward_19694301。

州市绿色金融改革创新试验区花都分行；招商银行成为全国首家发布环境信息披露报告的全国性商业银行；兴业银行深圳分行成为首家公开发布环境信息披露报告的全国性银行重点区域分支机构。

截至 2022 年第一季度末，粤港澳大湾区内地九市绿色贷款余额为 15865.92 亿元，绿色债券余额超 2000 亿元。① 南沙自贸片区成功发行全国造纸行业、全国绿色金融改革创新试验区首单绿色债券，启动国内首个绿色融资租赁线上平台"绿色银赁通"。②

第四节 长三角生态绿色一体化发展

长三角地域面积不到全国 4%，却聚集了全国 16% 的人口，集中了约 1/4 的科研力量，产生了约 1/3 的有效发明专利，占据了近 1/4 的经济总量。③ 以上海为代表的地区率先实现了经济高质量发展和生态环境高水平保护，大气环境、水环境与经济关系实现了高度协调。上海、江苏、浙江基本实现推动国内生产总值增长的同时减少污染物排放量，并且对个别污染物排放量减小的贡献率大于推动经济增长的贡献率。2018 年 11 月 5 日，习近平主席在首届中国国际进口博览会开幕式上宣布，支持长江三角洲区域一体化发展并上升为国家战略。2020 年 8 月 20 日，

---

① 《实现"双碳"目标 大湾区绿色金融发展这么做》，2022 年 11 月 17 日，https：//baijiahao. baidu. com/s？id=1749675452832415912。

② 《粤港澳发展引擎！大湾区金融业"晒"三年成绩单》，2022 年 7 月 2 日，https：//xapp. southcn. com/node_27c664f088/5bad8cdd29. shtml。

③ 《生态环境部有关负责人就〈长江三角洲区域生态环境共同保护规划〉答记者问》，2021 年 1 月 14 日，https：//www. mee. gov. cn/zcwj/zcjd/202101/t20210114_817431. shtml。

习近平总书记主持召开扎实推进长三角一体化发展座谈会，就更好推动长三角一体化发展指明前进方向、提出具体要求，开启了长三角一体化发展新的"加速度"（谢卫群等，2021）。

一　加强绿色美丽长三角建设

长三角地区是长江经济带的龙头，不仅要在经济发展上走在前列，也要在生态保护和建设上带好头。2021 年 5 月，国务院批准同意成立长三角区域生态环境保护协作小组，全方位涵盖大气、水、土壤、固废危废、绿色发展制度建设等方面，涉及 17 个国家部委，形成了国家指导、地方负责、区域协作、部省协同的工作模式，推动区域生态环境保护协作机制走向新阶段。

在此基础上，生态环境部深入贯彻习近平生态文明思想，紧扣"一体化"和"高质量"两个关键词，统筹谋划、多措并举，积极推动绿色美丽长三角建设，牵头或支持编制出台《长江三角洲区域生态环境共同保护规划》《完善太湖治理协调机制工作方案》《推进长江三角洲区域固体废物和危险废物联防联治实施方案》《长江三角洲区域固废危废利用处置"白名单"和"黑名单"制定规则及运行机制（试行）》等政策文件，推动三省一市签署《长三角区域固体废物和危险废物联防联治合作协议》《协同推进长三角区域生态环境行政处罚裁量基准一体化工作备忘录》，支持建立跨省域生态环境标准统一立项、编制、审查、发布的工作机制。2019~2021 年，生态环境部先后与江苏、上海、浙江签订合作协议，通过部省合作的方式，进一步指导推进长三角区域绿色低碳发展（见表4-5）。

表 4-5 生态环境部与长三角地区的合作协议签订情况

签订对象	协议名称	签订时间	主要内容
江苏	《共建生态环境治理体系和治理能力现代化试点省合作框架协议》	2019 年 3 月	以部省联动、合作共建方式开展共建生态环境治理体系和治理能力现代化试点省战略合作，具体包括完善生态环境监管体系和政策体系、健全生态环境法治体系、构建生态环境社会行动体系、推进生态环境管理制度改革和生态环境治理能力现代化建设等
上海	《共同推进人民城市生态环境治理战略合作框架协议》	2021 年 6 月	在共同推进经济高质量发展、生态环境高水平保护、长三角区域生态环境全方位协作以及共同构建超大城市现代环境治理体系等方面开展合作
浙江	《共同推进浙江高质量发展建设共同富裕示范区合作协议》	2021 年 9 月	将在深入打好污染防治攻坚战、落实碳达峰碳中和部署、优化生态环境监管服务、加强自然生态保护、深化生态环境数字化改革、提升生态环境治理效能、加强生态环保能力建设、深化生态文明示范创建等方面深化合作

"生态绿色"既是长三角一体化发展的"底色"，也是长三角一体化发展的"底线"。在国家有关部门的支持下，沪苏浙皖三省一市围绕"生态绿色"这个发展关键词，把一系列生态环境保护和生态修复机制措施以及绿色生态合作事项纷纷从纸面落实到项目上，共同推动绿色发展。

上海着力打造宜居、宜业、宜游的城市环境，把昔日的"工业锈带"变成今天的"生活秀带""发展绣带"，人均公园绿地面积在过去十年从 7.1 平方米提高到 8.7 平方米。① 江苏系统开展沿江岸线修复，

---

① 《中共上海市委举行"中国这十年"主题新闻发布会》，2022 年 8 月 8 日，http://www.scio.gov.cn/xwfbh/xwbfbh/wqfbh/47673/48738/index.htm。

沿江两岸造林面积超过 115 万亩，把 72.6 公里长江生产岸线转为生活、生态岸线。[①] 浙江发布全国首部省级 GEP 核算技术规范，建成全国首个生态省，"千村示范、万村整治"工程获得联合国"地球卫士奖"。[②] 安徽实施巢湖生态保护与修复工程，建成总面积超过 100 平方公里的"十大湿地"，把巢湖变成了"合肥最好的名片"。[③]

经过各级政府和有关部门的不懈努力，长三角区域生态环境质量持续向好。生态环境部数据显示，2021 年，区域 41 个城市平均优良天数比例为 86.7%，$PM_{2.5}$ 平均浓度为 31 微克/米^3，黄山、舟山、丽水、台州、宁波等进入全国重点城市空气质量前 20 位。594 个地表水国考断面中优良（Ⅰ~Ⅲ类）比例为 89.1%，比 2018 年上升 10.0 个百分点，无劣 V 类断面。

二 推动绿水青山变成金山银山

绿水青山就是金山银山，这是重要的发展理念，是可持续发展的内在要求，也是推进现代化建设的重大原则。发展经济不能对资源和生态环境竭泽而渔，生态环境保护也不是舍弃经济发展而缘木求鱼。生态环境投入不是无谓投入、无效投入，而是关系经济社会高质量发展、可持续发展的基础性、战略性投入。

① 《中共江苏省委举行"中国这十年"主题新闻发布会》，2022 年 8 月 12 日，http：//www.scio.gov.cn/xwfbh/xwbfbh/wqfbh/47673/48791/index.htm。
② 《中共浙江省委举行"中国这十年"主题新闻发布会》，2022 年 8 月 30 日，http：//www.scio.gov.cn/xwfbh/xwbfbh/wqfbh/47673/48992/index.htm。
③ 《中共安徽省委举行"中国这十年"主题新闻发布会》，2022 年 7 月 20 日，http：//www.scio.gov.cn/xwfbh/xwbfbh/wqfbh/47673/48628/index.htm。

2005 年 8 月 15 日，时任浙江省委书记的习近平同志在安吉县考察调研时，提出了"绿水青山就是金山银山"的科学论断（黄润秋，2021），指引当地探索出一条经济与生态互融共生、实现脱贫致富的新路子。17 年后，安吉以中国 1.8% 的竹产量创造了 10% 的竹产业产值，中国每三把椅子中，就有一把产自这里（郭林青、韩文亚，2022）。

从"生态美"到"生态富"，从"绿色颜值"到"金色价值"，安吉的变化只是长三角生态文明建设的一个缩影。这里的人们深刻意识到绿色生态是最大的财富、最大的优势、最大的品牌。

江苏省徐州市以"矿地融合"的理念推进潘安湖采煤塌陷区生态修复，将千疮百孔的塌陷区建设成湖阔景美的国家湿地公园，年接待游客人数达到了 380 万人次，区域住宅地价从治理前的 30 万元/亩一路上涨到 300 万元/亩，促进了生态产品的价值显化。① 2017 年，习近平总书记在潘安湖采煤塌陷区视察时夸赞贾汪转型实践做得好，现在是"真旺"了。他强调，塌陷区要坚持走符合国情的转型发展之路，打造绿水青山，并把绿水青山变成金山银山。②

发源于安徽的新安江，是浙江的最大入境河流，2012 年以来，皖浙两省在新安江流域合作建立国内第一个跨省生态补偿机制，如今新安江成为全国水质最好的河流之一，每年向千岛湖输送近 70 亿立方米的干净水，安徽可获得 57 亿元的补偿资金，更重要的是绿色经济正成为

---

① 《生态产品价值实现案例｜潘安湖采煤塌陷区生态修复》，2020 年 9 月 7 日，https：//www.thepaper.cn/newsDetail_forward_9064643。
② 《十九大后首调研，习近平花 30 元买村民手工香包："捧捧场"》，2017 年 12 月 13 日，http：//news.youth.cn/sz/201712/t20171213_11142507.htm。

这里的新增长点。①

崇明位于长江入海口，是世界上最大的河口冲积岛和中国第三大岛，上海举全市之力推动崇明世界级生态岛建设，不断创新生态优势价值的实现途径，大力构建现代新农业、海洋新智造、生态新文旅、活力新康养、绿色新科技等"五新"生态产业体系，2021 年经济总量突破400 亿元，旅游接待人次和营业收入保持两位数增长②，绿色食品认证面积占比达 91.8%③。

三 共建长三角生态绿色一体化发展示范区

建设长三角生态绿色一体化发展示范区，是实施长三角一体化发展战略的先手棋和突破口。根据国家发展改革委公布的《长三角生态绿色一体化发展示范区总体方案》，一体化示范区范围包括上海市青浦区、江苏省苏州市吴江区和浙江省嘉兴市嘉善县，面积约为 2300 平方公里，战略定位是打造生态优势转化新标杆、绿色创新发展新高地、一体化创新试验田、人与自然和谐宜居新典范，最终目标是成为示范引领长三角更高质量一体化发展的标杆。

建设长三角生态绿色一体化发展示范区，有利于率先探索形成新发

---

① 《中共安徽省委举行"中国这十年"主题新闻发布会》，2022 年 7 月 20 日，http://www.scio.gov.cn/xwfbh/xwbfbh/wqfbh/47673/48628/index.htm。

② 《2021 年崇明区主要经济指标完成情况》，2022 年 3 月 2 日，https://shcm.gov.cn/003/003008/20220302/7330f78c-57c7-4af3-96d0-628bd6a57c70.html。

③ 《【2021 年全国农业绿色发展典型案例】上海市崇明区：科技创新引领产业升级 建设都市现代绿色农业高地》，2022 年 3 月 10 日，http://www.ghs.moa.gov.cn/gzdt/202203/t20220310_6391455.htm。

展格局的路径，有利于率先探索将生态优势转化为经济社会发展优势，有利于率先探索从区域项目协同走向区域一体化制度创新。2019 年 11月 1 日，长三角生态绿色一体化发展示范区正式揭牌①，并出台了《关于在长三角生态绿色一体化发展示范区深化落实金融支持政策推进先行先试的若干举措》《长三角生态绿色一体化发展示范区共同富裕实施方案》《长三角生态绿色一体化发展示范区碳达峰实施方案》《关于进一步支持长三角生态绿色一体化发展示范区高质量发展的若干政策措施》《关于深化长三角生态绿色一体化发展示范区环评制度改革的 指导意见（试行）》《长三角生态绿色一体化发展示范区政府核准的投资项目目录（2020 年本）》等一系列政策文件，在探索特许经营权、项目收益权和排污权等环境权益抵质押融资，创新生态环境责任类保险产品，支持发行中小企业绿色集合债等方面进行探索，释放了大量政策红利。

三年来，示范区联保共治机制更加健全，生态环境标准、监测、执法实现"三统一"，空气质量指数优良率、地表水环境质量Ⅲ类水质断面比例等指标持续改善，"一河三湖"水环境质量已提前达到或优于2025 年目标，"打捆环评"审批使企业花费的时间缩短 2/3、费用削减1/3。生态的"好颜值"也给示范区带来了产业的"好价值"，示范区已引进产业创新项目金额 168 亿元，地区生产总值年均增长 7.4%，规模以上工业总产值年均增长 10.9%。2021 年国家高新技术企业达 2411

---

① 《"吴根越角"治水记》，2020 年 10 月 22 日，http://www.xinhuanet.com/politics/2020-10/22/c_1126641174.htm。

家，较上年增长 31.5%。①

第五节　黄河生态保护和高质量发展

黄河发源于青藏高原巴颜喀拉山北麓，呈"几"字形流经青海、四川、甘肃、宁夏、内蒙古、山西、陕西、河南、山东九省区，全长5464公里（刘坤，2021），既是"两横三纵"城镇化战略格局中的重要一"横"，也是全国重要的农牧业生产基地和能源基地，被称为中华民族的"母亲河"。但受地理、气候等条件制约，与长江经济带相比，沿黄各省区经济联系度不高，区域分工协作意识不强，个别省份在刺激实体经济增长的同时导致部分污染物排放大幅增加，对污染物排放量增加的贡献率远大于推动经济增长的贡献率，高效协同发展机制尚不完善，在发展水平、经济总量、城镇化率上都处于下风。

保护黄河事关中华民族永续发展，事关中华民族伟大复兴。党的十八大以来，以习近平同志为核心的党中央高度重视黄河流域生态保护和高质量发展，习近平总书记多次实地考察黄河流域生态保护和发展情况，走遍了黄河上中下游九省区，就三江源、祁连山、秦岭、贺兰山等重点区域生态保护建设做出重要指示批示。2019年9月18日，习近平总书记在河南郑州主持召开黄河流域生态保护和高质量发展座谈会并发表重要讲话。他强调，要坚持绿水青山就是金山银山的理念，坚持生态

① 《上海举行长三角一体化示范区三周年建设成果新闻发布会》，2022年11月16日，http://www.scio.gov.cn/xwfbh/gssxwfbh/xwfbh/shanghai/Document/1733392/1733392.htm。

优先、绿色发展，以水而定、量水而行，因地制宜、分类施策，上下游、干支流、左右岸统筹谋划，共同抓好大保护，协同推进大治理，着力加强生态保护治理、保障黄河长治久安、促进全流域高质量发展、改善人民群众生活、保护传承弘扬黄河文化，让黄河成为造福人民的幸福河。①

黄河流域上中下游不同地区自然条件千差万别，生态建设重点各有不同，必须坚持因地制宜、分类施策。2021 年 10 月 22 日，习近平总书记在山东济南主持召开深入推动黄河流域生态保护和高质量发展座谈会，对黄河上中下游分别提出了不同的生态环境保护任务，上游产水区重在维护天然生态系统完整性，一体化保护高原高寒地区独有生态系统，有序实行休养生息制度。要抓好上中游水土流失治理和荒漠化防治，推进流域综合治理。要加强下游河道和滩区环境综合治理，提高河口三角洲生物多样性。② 就全流域而言，黄河水资源先天不足，必须坚决落实以水定城、以水定地、以水定人、以水定产，走好水安全有效保障、水资源高效利用、水生态明显改善的集约节约发展之路，实现用水方式由粗放低效向节约集约转变。

为深入贯彻习近平总书记重要讲话精神，有关部门和地方全力推动黄河流域生态保护和高质量发展这一区域重大战略的实施。2020 年 10

---

① 《习近平在河南主持召开黄河流域生态保护和高质量发展座谈会时强调 共同抓好大保护协同推进大治理 让黄河成为造福人民的幸福河 韩正出席并讲话》，2019 年 9 月 19 日，http://www.qstheory.cn/yaowen/2019-09/19/c_1125014669.htm。

② 《习近平在深入推动黄河流域生态保护和高质量发展座谈会上强调 咬定目标脚踏实地埋头苦干久久为功 为黄河永远造福中华民族而不懈奋斗 韩正出席并讲话》，2021 年 10 月 22 日，http://www.qstheory.cn/yaowen/2021-10/22/c_1127986206.htm。

月，中共中央、国务院印发《黄河流域生态保护和高质量发展规划纲要》；2022 年 10 月 30 日，《中华人民共和国黄河保护法》审议通过。

经过持续不断的努力，黄河用水增长过快局面得到有效控制，2021 年流域万元国内生产总值用水量、万元工业增加值用水量和耕地实际灌溉亩均用水量分别为全国平均值的 86.1%、49.3% 和 79.4%。① 生态环境部数据显示，黄河干流已经全线稳定达到Ⅲ类水质标准，雪豹、白唇鹿、岩羊等大型野生动物重现黄河源，黄河三角洲鸟类数量由建区时的 187 种增加到 371 种，沿线城市涌现出一批绿色发展典型。截至 2021 年底，黄河流域有国家生态文明建设示范区 55 个、"绿水青山就是金山银山"实践创新基地 29 个。

一 上游地区夯实生态本底，促进生态产品价值实现

黄河流域上游地区位于青藏高原东北部，涉及青海、甘肃、四川、宁夏等省区，流经雪域高原、草场湿地、荒漠戈壁，是全国重要的生态安全屏障。这里一方面生态系统服务功能强劲，是我国重要的生态产品供给地之一；另一方面气候干燥，生态环境敏感、脆弱，草地退化、土地沙化、冰雪消融等问题在部分区域依然十分突出。

推动黄河上游地区高质量发展，首先要通过自然恢复和实施重大生态保护修复工程，强化当地水源涵养功能，并在此基础上探索生态保护补偿、特色产业发展、生态资源权益交易等多种生态产品价值实现方

---

① 《区域重大战略生态环境保护⑥·黄河流域生态保护和高质量发展篇》https：//mp.weixin.qq.com/s/aYiUe_kZDWboQPjLfLtD6g，最后访问日期：2023 年 11 月 8 日。

式，开辟一条生态美、产业兴、百姓富的绿色发展之路。宁夏率先编制完成"四水四定"方案，加快推进节约集约利用资源，并通过生态产业化经营等方式促进生态产品价值显化（张瑛，2022）。2021年单位地区生产总值用水量较2018年下降15.6%，地级市全部达到国家节水型城市标准①，贺兰县"稻渔空间"一、二、三产业融合案例成功入选自然资源部第三批生态产品价值实现典型案例，并在全国推广。四川明确在全省14个地区开展生态产品价值实现机制试点工作，重点探索生态产品价值核算、生态产品供需精准对接、生态产品可持续经营开发、生态产品保护补偿、生态产品价值考核、绿色金融支持等。

青海既是黄河的源头区，也是干流区，其中黄河一级支流湟水流域分布着全省近60%的人口、52%的耕地和70%的工业企业，在全省经济发展中起着龙头和中心作用，但由于生态脆弱、地理环境约束和历史原因，省内黄河流域同样是贫困比较集中、经济欠发达的地方。在国家支持下，青海组织开展了源头保护和水源涵养、生态补偿、西宁—海东都市圈高质量发展等一大批重点课题研究，大力推动生态产品价值实现，累计下达投资135.4亿元进行山水林田湖草系统治理，治理水土流失7017.46平方公里，完成国土绿化1297万亩。② 在省委省政府的不懈努力下，黄河源头水源涵养功能不断增强，水源涵养量年均增幅在6%以上，草原退化趋势明显减缓，森林生态功能逐渐增强，湿地生态系统面

---

① 《建设美丽新宁夏 天更蓝 地更绿 水更清》，2022年10月17日，http：//nx. people. com. cn/n2/2022/1017/c192482-40162319. html。

② 《关于黄河流域青海段生态环境保护情况的调研报告》，2022年3月23日，https：//www. qhrd. gov. cn/srdgzgw/hjzybhwyh/yjybg_1950/202203/t20220323_200958. html。

积扩大，荒漠化土地面积逐步减少，生物多样性资源恢复加快，雪豹、白唇鹿、藏羚羊等濒危野生动物种群数量显著增加。随着环境质量的改善，生态红利持续释放，青海成为众多旅游爱好者的"打卡地"，旅游总收入连续4年保持20%以上的增长，实现了环境保护与经济发展相得益彰。

兰州是黄河唯一穿城而过的省会城市，自古人口聚居，黄河风情线大景区是当地最具特色的城市名片。但由于地质条件影响，历史上这里水土流失严重，居民饱受水患困扰。2012年汛期，黄河兰州段过洪流量达3860米³/秒，甘南、临夏、兰州、白银4个市州部分耕地被淹，群众被疏散转移，造成了极大的经济和财产损失。① 面对这种情况，在国家的大力支持下，甘肃省充分考虑地方自然禀赋和产业优势，因地制宜、集中连片实施小流域综合治理、坡耕地水土流失综合整治和黄土高原塬面保护等国家水土保持重点工程。在甘南州通过造林种草、封禁抚育等措施，有效控制区域水土流失，改善当地生态环境；在定西市创建"梯田+合作社+产业带动""淤地坝+农作物灌溉+设施农业"等模式，打造九华沟等一批精品示范流域；在平凉市突出塬面保护、坡改梯田、淤地坝和林草植被建设，涌现出一大批美丽乡村建设新典型（牛军，2022）。经过多年努力，甘肃省不但出境年平均输沙量从20世纪60年代的2.6亿吨减少到近十年的0.4亿吨，减少85%②，经济也更发展更

---

① 《江河奔腾看中国｜黄河奔流泽陇原——甘肃绘就黄河保护治理新画卷》，2022年10月2日，http://www.xinhuanet.com/2022-10/02/c_1129048420.htm。

② 《兰州夏日黄河现"青"颜：居民感叹"意料之外，情理之中"》，2022年6月15日，https://www.chinanews.com.cn/sh/2022/06-15/9780614.shtml。

绿色。2022 年上半年，全省节能环保、文化旅游、循环农业、中医中药、先进制造等十大生态产业实现增加值 1293.4 亿元，同比增长 9.0%；占全省地区生产总值的 24.7%，比重比去年同期提高 1.1 个百分点（吕霞，2022）。

二 中游省份推动能源结构调整，助力经济提质增效

黄河九曲十八弯，拐弯处的内蒙古托克托河口镇至河南桃花峪花园口附近为中游地区，包括山西、陕西、河南、内蒙古中西部地区。这里物产资源丰富，煤炭储量占全国一半以上，是我国重要的能源基地。作为工业的粮食、国民经济的命脉，能源攸关国计民生和国家安全。长期以来，黄河中游地区为有效保障国家能源安全，兜住重要能源国内生产自给的战略底线做出了巨大贡献。2020 年陕西、山西和内蒙古分别生产了全国最多的天然气、焦炭和电力（见表 4-6）。

表 4-6 2020 年黄河中游省区部分能源产品产量及全国排名

能源产品	河南	陕西	山西	内蒙古
焦炭（万吨）	1847.84（8）	4896.51（2）	10493.70（1）	4222.53（4）
原油（万吨）	239.90（11）	2693.70（4）	—	13.60（17）
天然气（亿立方米）	2.90（20）	294.13（1）	123.35（5）	25.55（10）
发电量（亿千瓦时）	2906.12（12）	2379.41（15）	3503.54（9）	5810.97（1）

资料来源：国家统计局。

"富煤、贫油、少气"是我国能源结构的基本特征。2020 年 9 月，国家主席习近平在第七十五届联合国大会一般性辩论上宣布："中国将提高国家自主贡献力度，采取更加有力的政策和措施，二氧化碳排放力

争于 2030 年前达到峰值，努力争取 2060 年前实现碳中和。"① 这一目标的提出，对我国实现由以化石能源为主向以可再生能源为主的能源体系转型升级提出了更高的要求。当前，世界正在经历百年未有之大变局，不稳定性不确定性因素增多，能源供应问题时有发生。受俄乌冲突影响，全球范围内发生能源危机，进一步凸显了加快能源转型升级的必要性和紧迫性。在此背景下，作为国家重要的能源基地，山西、内蒙古、陕西等沿黄河产煤大省牢牢守住能源安全底线，一方面着力确保全国煤炭和电力供应稳定，另一方面加快能源转型升级，体现了保障国家能源安全的使命担当。

陕西省一方面积极发展煤基特种燃料、煤基生物可降解材料，促进煤化工产业高端化、多元化、低碳化发展；另一方面把传统能源收益转化到新能源和战略性新兴产业发展中，目前全省可再生能源装机容量占到 36%，工业战略性新兴产业年均增长 13.1%。② 山西大力发展风能、太阳能、地热能、氢能，加快布局建设抽水蓄能、电化学储能等项目，促进传统能源和新能源优化组合，截至 2022 年 6 月底，全省新能源装机 4012 万千瓦，占比 34.46%，建成和在建储能项目 67 个，"绿电"支撑能力进一步增强。③ 内蒙古大力发展现代能源经济，外送电量连续 17 年领跑全国，新能源装机达到 5600 万千瓦，占电力装机比重超过 1/3，

---

① 《积极稳妥推进碳达峰碳中和》，2023 年 4 月 6 日，https：//www.gov.cn/yaowen/2023-04/06/content_5750183.htm。
② 《中共陕西省委举行"中国这十年"主题新闻发布会》，2022 年 8 月 31 日，http：//www.scio.gov.cn/xwfbh/xwbfbh/wqfbh/47673/49019/index.htm。
③ 《中共山西省委举行"中国这十年"主题新闻发布会》，2022 年 8 月 10 日，http：//www.scio.gov.cn/xwfbh/xwbfbh/wqfbh/47673/48773/index.htm。

新能源发电量达到 1191 亿千瓦时，居全国首位。[①]

三　下游城市群加快产业绿色转型，推动高质量发展

黄河流域城市群包括山东半岛城市群、中原城市群、关中平原城市群、黄河"几"字湾都市圈和兰州—西宁城市群，其中覆盖整个山东的山东半岛城市群和以河南郑州为核心的中原城市群均处在黄河下游地区。作为国家粮食主产区和工业大省，河南和山东在实现黄河流域生态保护和高质量发展目标的过程中发挥举足轻重的作用。

在农业发展过程中，充分利用好水资源是搞好生态农业建设的关键。河南虽然是农业大省、粮食大省，粮食产量占全国 1/10，小麦产量占全国 1/4，在端牢中国人的饭碗上具有举足轻重的作用，但由于气候等原因，许多地区干旱少雨，加之黄河下游河道多为"地上悬河"，河水开发利用的难度偏大，农业地下水超采问题一度比较突出。为了解决黄河水资源利用与保护的难题，河南一方面铁腕推进地下水超采治理，每年压采地下水 4 亿多立方米，有效遏制了地下水位持续下降势头；另一方面大力推动大中型灌区节水改造项目，把 1952 万亩高标准农田升级为高效节水灌溉田，每年节水 1 亿多立方米。2021 年全省人均综合用水量比 2019 年下降 8.5%，万元 GDP 用水量由 44.3 立方米下降至 37.9 立方米，节约用水已经成为河南上上下下的共识。此外，河南还持续深化农业供给侧结构性改革，酒业、奶业、中医药业等优势特

---

① 《中共内蒙古自治区委员会举行"中国这十年"主题新闻发布会》，2022 年 8 月 22 日，http://www.scio.gov.cn/xwfbh/xwbfbh/wqfbh/47673/48905/index.htm。

色农业产值占比达 57.8%，三门峡苹果、焦作四大怀药、黄河鲤鱼等产品远销海内外，农产品加工业成为全省第一大支柱产业。①

2021 年 10 月，习近平总书记在山东省主持召开深入推动黄河流域生态保护和高质量发展座谈会时指出，要坚定走绿色低碳发展道路，推动流域经济发展质量变革、效率变革、动力变革。② 推动经济社会发展绿色化、低碳化是实现黄河流域高质量发展的关键环节。山东省是我国重要的工业基地和北方地区经济发展的战略支点，制造业基础雄厚，涵盖全部 41 个工业大类、197 个中类。在习近平生态文明思想的指导下，全省坚持降碳、减污、扩绿、增长协同推进，聚焦钢铁、炼化、焦炭、水泥、轮胎、化工等重点行业，依据环保、安全、技术、能耗、效益标准，分类组织实施转移、压减、整合、关停，加快淘汰落后产能、化解过剩产能、退出低效产能，努力建设绿色低碳高质量发展先行区。2021年，全省地区生产总值达到 8.3 万亿元，规上工业企业突破 3 万家，规上工业增加值增长 9.6%，"四新"经济增加值占比达到 31.7%，固定资产投资年均增长 7.8%，市场主体达到 1380 多万户，高新技术企业数量超过 2 万家，高技术制造业增加值增长 18.5%，涌现出潍柴51%热效率柴油机、高速磁浮交通系统等一批世界领先的关键技术。③

---

① 《中共河南省委举行"中国这十年"主题新闻发布会》，2022 年 8 月 28 日，http://www.scio.gov.cn/xwfbh/xwbfbh/wqfbh/47673/48957/index.htm。

② 《习近平在深入推动黄河流域生态保护和高质量发展座谈会上强调 咬定目标脚踏实地埋头苦干久久为功 为黄河永远造福中华民族而不懈奋斗 韩正出席并讲话》，2021 年 10 月 22 日，http://www.qstheory.cn/yaowen/2021 - 10/22/c _ 1127986206.htm。

③ 《中共山东省委举行"中国这十年·山东"主题新闻发布会》，2022 年 8 月 20 日，http://www.scio.gov.cn/xwfbh/xwbfbh/wqfbh/47673/48800/index.htm。

第六节　政策建议

近年来，各地绿色发展水平有所提升，取得了一定的成绩，但总体来看还存在生态环境污染问题突出、环境基础设施短板明显、传统产业产能过剩矛盾仍然存在、绿水青山向金山银山的转化通道未完全打通、金融支持力度不足等问题。由此，本书提出以下建议。

一　坚持习近平生态文明思想，不断健全协同治理机制

要坚持以习近平生态文明思想为指导，聚焦区域生态环境保护重点任务，健全跨部门和跨区域的协调机制，统筹山水林田湖草沙冰诸要素，协调推进防护林体系建设、水土流失及石漠化控制、退耕还林还草、河湖湿地修复、生物多样性恢复等。鼓励各地区共同谋划水资源利用、重点流域水污染防治、河道治理、岸线生态修复等系列生态环境保护绿色项目。加强完善区域环境信息和企业信息披露制度，实现区域生态环境信息的公开和共享，进一步提升治理实效。准确握好"有为政府"和"有效市场"的关系，鼓励引导社会资本参与区域环境污染防治项目。积极引导公众有序参与生态环境治理，不断扩大参与范围，激发公众参与热情，把保护生态环境转化为全体人民的自觉行动。

二　加快绿色技术创新与转化，持续推动产业转型升级

要坚持以绿色化发展为导向，加快新旧产能转换速度，坚持淘汰落后产能、化解过剩产能，大力发展节能环保、生物医药、数字经济等战

略性新兴产业，持续推进资源节约集约循环利用，引导企业对现有生产装备、技术工艺及辅助设施进行改造升级，实现减污降碳协同增效。加大对技术创新的政策扶持力度，积极探索建立适宜的奖励和激励机制，对于在绿色技术创新和转化方面表现突出的机构和个人给予奖励，提高其积极性和能动性。做好绿色技术研发、转化、信息发布等各环节的统筹协调，加强产学研金介之间的协作与配合，实现从基础研究到产业化落地，再到后续根据市场产品需求不断改进技术和持续开发的无缝衔接，推动科技创新与产业协同发展。

三 完善绿色金融市场体系，助力生态产品价值实现

要进一步完善顶层设计，健全绿色金融支持生态产品价值实现的相关制度，做好财政、金融、环境等资源的统筹，推动开展排污权、碳排放权、用能权、水权等产权交易。持续加大绿色金融产品创新力度，将环境与气候风险纳入信贷管理全流程，做好对风电光伏、新型煤化工等绿色领域的支持，推进绿色融资。加大对南水北调水源地、青海三江源、陕西秦岭、四川若尔盖等生态功能重要性突出地区的生态保护补偿力度，通过贴息和税收优惠政策，提高金融机构为周边生态环境系统整治、采煤塌陷区改造、乡村休闲旅游开发等区域内生态环境改善以及绿色产业发展提供信贷服务的积极性，探索生态产品资产证券化路径与模式，推动实施生态环境导向的开发模式（EOD）。

第五章 碳排放权交易市场建设

全国碳排放权交易市场（简称"碳市场"）是落实碳达峰碳中和目标的重要政策工具。"十四五"时期，我国生态文明建设进入以降碳为重点战略方向、推动减污降碳协同增效、促进经济社会发展全面绿色转型、实现生态环境质量改善由量变到质变的关键时期，也是碳达峰的关键期、窗口期。与西方发达国家自然达峰不同，我国尚处在工业化、城镇化进程中，产业结构偏重、能源结构偏煤、达峰时间偏紧，要通过主动调整产业结构、能源结构，才能实现 2030 年前达峰的目标，这是一场硬仗，需要付出艰苦卓绝的努力。要坚持政府和市场两手发力，推动有为政府和有效市场更好结合。既要通过政策手段遏制高耗能高排放项目盲目发展，又要保持经济社会平稳健康发展，特别要保证能源安全、产业链供应链安全、粮食安全、群众正常生活，避免"运动式减碳"。碳市场能够促进全社会生产生活方式低碳化，为处理好经济发展与碳减排关系提供了有效途径。

碳市场是以较低成本实现减排目标的政策工具，是利用市场机制控制温室气体排放的重大制度创新。与传统的行政手段相比，碳市场既能够将温室气体控排责任压实到企业，又能为碳减排提供激励，通过释放合理的碳价格信号，利用市场优化配置排放资源，引导减排成本低的行业和企业优先减排，为企业减排提供了灵活选择，降低了全社会的减排成本，更容易被企业和社会接受。

第一节　应对气候变化与碳排放权交易市场

一　全球气候变暖是观测事实

气候变化对全球粮食安全、水安全、生态安全、能源安全、基础设施安全以及民众生命财产安全构成长期的重大威胁，既会给全球生态系统带来不可逆的损害，又会对全球经济造成重大打击，甚至会引发重大公共卫生事件、系统性金融风险和地区冲突。

1990年以来，政府间气候变化专门委员会（IPCC）组织全球科学家发布了6次气候变化评估报告。评估结论认为，人类活动产生过量的温室气体是当前全球气候变化的主要原因。从第一次到第六次评估报告，这一结论的可信度不断提高，不仅反映了国际科学界对人为排放温室气体导致全球变暖的认识不断统一和深化，也反映了全球气候变化日益严峻的现实。目前全球平均气温已经比工业化前升高了1.1℃，近期

的气候变化范围广、速度快、强度大，数千年未见。二氧化碳浓度达到
200 万年来的最高位，海平面上升速度为 3000 年来最快，北极海冰减
少到 1000 年来最少，冰川退缩是 2000 年来最严重的。大气圈、海洋
圈、冰冻圈和生物圈发生了广泛而迅速的变化。同时，根据世界气象组
织的最新报告，2020 年上半年二氧化碳浓度达到了创纪录的 410ppm。
1850~2019 年人类活动累积排放了约 2.4 万亿吨二氧化碳，其中约 58%
是 1990 年前排放的。

　　2023 年 3 月，IPCC 发布的第六次综合评估报告更加确认了人为活
动对气候变化的作用，认为人类活动导致气候变化毋庸置疑。IPCC 第
一工作组报告指出，2010~2019 年人类活动对温升的贡献约为 1.07℃。
特别是其第三工作组报告指出，要实现《巴黎协定》目标，全球温室
气体排放最迟应在 2025 年前达峰，并在 2030 年前减少 27%~43%。如
不立即采取有效的政策和行动，将造成不可逆的全球生态灾难和巨大经
济损失。

二　绿色低碳转型已成为国际潮流

　　截至 2021 年，已有 131 个国家、116 个地区、234 个城市和 696 个
企业承诺要实现碳中和，占到了全球 GDP 的 90%、人口的 85%、温室
气体排放的 88%。已有 34 个国家和地区出台了气候变化或低碳发展相
关法律。各主要国家都根据自身国情，提出了 2030 年应对气候变化的
自主贡献目标和长期低碳可持续发展战略，将碳中和科技创新作为谋求
战略竞争优势的重要领域。高耗能、高排放的产业发展模式逐步被绿色
低碳产业发展模式所取代。应对气候危机意识深入人心，碳中和成为一

门重要的"国际通用语言"。

三 我国积极应对气候变化的实践

气候变化是当前人类可持续发展面临的最严峻挑战，也是深刻影响人类未来的重大全球性非传统安全威胁。我国人口众多、气候条件复杂、生态环境脆弱，受气候变化影响较大，损失也更为显著。我国40%以上的人口和50%以上的国内生产总值集中在沿海地区，海平面上升和极端气候事件带来的风险和挑战巨大。青藏高原冰川融化带来的潜在影响和风险也不可低估。

习近平总书记多次强调，降低二氧化碳排放、应对气候变化不是别人要我们做，而是我们自己要做，是我国实现可持续发展的内在要求，是推动构建人类命运共同体的责任担当。[①] 2020年9月，习近平主席在第七十五届联合国大会一般性辩论上正式宣布："中国将提高国家自主贡献力度，采取更加有力的政策和措施，二氧化碳排放力争于2030年前达到峰值，努力争取2060年前实现碳中和。"[②] 此后，习近平总书记在多个国际重要场合和国内重要会议上一再强调碳达峰碳中和目标。从国际上看，自2020年以来，习近平主席在联合国生物多样性峰会、第三届巴黎和平论坛、气候雄心峰会、金砖国家领导人第十二次会晤、二十国集团领导人利雅得峰会、世界经济论坛等重要国际场合多次重申我

[①] 《正确认识和把握碳达峰碳中和》，2022年7月12日，http://www.qstheory.cn/dukan/hqwg/2022-07/12/c_1128824083.htm。

[②] 《积极稳妥推进碳达峰碳中和》，2023年4月6日，https://www.gov.cn/yaowen/2023-04/06/content_5750183.htm。

国碳达峰碳中和目标，展现了我国落实"双碳"目标的决心和信心。

我国于 2021 年 10 月向联合国气候变化框架公约秘书处提交了《中国落实国家自主贡献成效和新目标新举措》《中国本世纪中叶长期温室气体低排放发展战略》，详细阐述了我国落实国家自主贡献目标的具体举措和到 21 世纪中叶长期控制温室气体排放的基本方针。从国内看，2020 年 12 月，中央经济工作会议首次将碳达峰碳中和工作列入重点工作。2021 年 3 月，中央财经委员会第九次会议对碳达峰碳中和工作做出了总体部署。2021 年 9~10 月发布了《中共中央 国务院关于完整准确全面贯彻新发展理念做好碳达峰碳中和工作的意见》和《2030 年前碳达峰行动方案》，碳达峰碳中和的"1+N"政策体系逐步架构。2022 年 1 月，中央政治局第三十六次集体学习，对推动"双碳"工作做出了更加全面的部署，要求提高战略思维能力，把系统观念贯穿"双碳"工作全过程，处理好发展和减排、整体和局部、长远目标和短期目标、政府和市场四对关系，将"双碳"工作纳入生态文明建设整体布局和经济社会发展全局，坚持减污、降碳、扩绿、增长协同推进。

四　碳排放权交易市场是实现碳达峰碳中和的重要政策工具

党中央、国务院高度重视全国碳市场建设工作，2015 年以来习近平总书记在多个重大国际场合就碳市场建设做出重要宣示，2021 年 4 月 22 日在领导人气候峰会上宣布中国将启动全国碳市场上线交易。李克强总理多次做出重要批示，在 2021 年《政府工作报告》中强，调要加快建设碳排放权交易市场。

碳排放权交易市场机制是推动实现"双碳"目标的重要激励约束

机制。习近平总书记在 2021 年 3 月 15 日中央财经委员会第九次会议上，以及 2022 年 1 月 24 日中共中央政治局第三十六次集体学习时强调，加快推进碳排放权交易，积极发展绿色金融，完善绿色低碳政策体系。要充分发挥市场机制作用，完善碳定价机制，加强碳排放权交易、用能权交易、电力交易衔接协调。《中共中央 国务院关于完整准确全面贯彻新发展理念做好碳达峰碳中和工作的意见》《2030 年前碳达峰行动方案》相继印发，均提出加快建设完善全国碳排放权交易市场，加强市场机制间的衔接与协调。生态环境部根据国务院批准的建设方案，牵头组织全国碳市场建设工作，逐步建立起产权清晰、流转顺畅、监管有效、公开透明、健康有序发展的全国碳市场，控制和减少温室气体排放、推动绿色低碳发展、促进绿色低碳技术创新、引导气候投融资、落实我国碳达峰碳中和目标。

碳排放权交易是碳定价机制的重要形式。碳定价机制是通过赋予碳排放一定的价值属性，使得碳排放空间成为一种稀缺资源，从而推动碳减排并实现低碳发展的机制，主要包括碳排放权交易、碳税和碳金融等，涉及显性碳价和隐性碳价，碳交易主要体现显性碳价，碳税既体现显性碳价又体现隐性碳价。

碳排放权交易相对于行政指令减排、经济补贴减排具有显著优势。一是可通过配额管理制度，将温室气体控排责任压实到企业，建立对重点排放行业的碳排放总量控制制度，推动企业加强碳排放管理，并通过强制履约，确保有效实现碳排放控制目标；二是可利用市场机制发现合理碳价，引导碳排放资源优化配置，降低全社会减排成本；三是为企业碳减排提供灵活选择，带动绿色低碳产业投资，为处理好经济发展与碳减排关系提供有效途径，更易被企业和社会接受；四是通过建立完善全国碳市场抵消机制，促进可再生能源发展，增加林业碳汇，促进建立碳普惠机制，倡导绿色低碳的生活和消费方式，为实现碳中和奠定基础。

第二节 全球碳排放权交易市场发展沿革

一 全球碳排放权交易市场建设总体情况

为了控制实现温室气体减排目标的经济成本，越来越多的国家和地区开始采用碳交易这一市场型政策工具控制碳排放。截至 2021 年 12 月，全球正在运行的碳定价机制共计 64 个，其中 34 个是碳交易机制、30 个是碳税机制，有些地区既实施碳交易机制，又实施碳税机制。各类碳市场覆盖了 1~6 种温室气体，碳排放量占其所在地区碳排放总量的 18%~85%，碳排放总量约占当前全球碳排放总量的 20%。这些碳市场分别纳入了工业、电力、航空、交通、建筑、废弃物和林业等行业，年度配额上限从 500 万 tCO2e 到 45 亿 tCO2e 不等。[①]

碳交易价格和碳税变动较大，从小于 1 美元/tCO2e 到接近 140 美元/tCO2e，碳税价格多高于碳交易价格。就平均价格来看，截至 2021 年 4 月 1 日，欧盟碳市场碳交易价格最高，约 50 欧元/tCO2e，从当期价格来看，欧盟 2021 年碳价达到过 100 欧元/tCO2e。

国外主要碳市场有欧盟碳市场、美国加州碳市场、美国区域温室气

---

① 《2021 年碳定价发展现状与未来趋势》，https：//openknowledge. worldbank. org/handle/10986/35620。

体减排行动（RGGI）、新西兰碳市场、韩国碳市场等。2020 年全球碳市场交易的总价值比 2019 年增长了近 20%，交易额达到 2682 亿美元，交易量达到 103 亿 $tCO2e$。其中，欧盟碳市场交易额约为 2340 亿美元，占全球交易总额近 90%，交易量超过 80 亿 $tCO2e$。[①] 以下主要介绍欧盟碳市场的建设和运行情况。

二 欧盟碳排放权交易市场

欧盟碳市场覆盖 27 个欧盟成员国（英国已经退出）以及挪威、冰岛和列支敦士登等 3 个非欧盟国家，覆盖排放设施 11000 余个。欧盟碳市场自 2005 年启动以来，已运行至第四阶段（2021~2030 年）。第四阶段减排目标为在 1990 年的基础上减少 50% 碳排放，每年配额总量下降2.2%。欧盟碳市场覆盖的年排放上限约为 18.55 亿 $tCO2e$，大约 57% 的配额以有偿的方式分配，免费配额按照"基准线法"分配。欧盟利用配额拍卖收入成立基金，用于支持成员国绿色低碳发展和绿色低碳技术创新。

欧盟碳市场建立了"指令+条例+技术规范/规则"的碳排放权交易制度体系和较为完善的法律法规体系。欧盟于 2003 年发布了碳排放权交易指令（2003/87 号指令），通过立法明确规定了碳排放权交易体系的关键要素。以此为基础，又发布了监测报告、核查、注册登记等相关条例，规范温室气体排放监测、报告、核查、注册登记等重要环节。此外，相关交易机构还发布了交易规则等。

---

① 《2021 年碳定价发展现状与未来趋势》，https://openknowledge. worldbank. org/handle/10986/35620。

欧盟碳市场建立了严格的排放数据管理制度。欧盟对排放数据报告与核查进行立法，颁布了直接适用于欧盟所有法律主体的《温室气体排放报告条例》等8个系列配套指南，为企业报告以及主管部门检查提供技术操作指引。

欧盟碳市场分阶段不断扩大行业和温室气体覆盖范围，采用逐年降低配额总量、不断提高配额拍卖比例、实施市场稳定储备机制、设定严格的配额分配基准线等一系列措施缩减配额总量，调整配额市场供给，加大企业减排力度，并取得明显成效。欧盟碳市场正在成为欧盟实现到2030年温室气体相对于1990年减排55%目标的重要手段之一。

欧盟碳市场碳价在开市之初短暂上涨之后，在第一阶段（2005～2007年）、第二阶段（2008～2012年）和第三阶段（2013～2020年）前期受配额超发、经济危机等影响，一直较低迷，直到2017年下半年才逐渐走高，甚至在2021年初一度接近100欧元/tCO2e，引起了各方关注，主要原因有以下几个：一是欧盟碳市场建立市场稳定储备机制，调节市场配额供给；二是欧盟提升了减排目标，即到2030年温室气体相对于1990年减排55%；三是欧盟碳市场配额分配逐渐趋紧，配额总量逐年递减；四是控排企业预期未来配额短缺，购买配额引发碳价上涨。

三 国外碳市场建设对我国具有较强的启示作用

一是出台专门的法律法规。为保证政策强制性和约束力，欧盟、新西兰、韩国、美国加州等均制定了碳排放权交易相关法律法规。二是在发展中持续完善。从国外经验来看，碳市场需要在实践中不断发展和完善，根据实际情况改进配额分配方法，完善相关制度设计，逐步扩大覆盖范围，完善核算报告与核查体系，持续加强市场监管。三是确保排放数据质量。国外碳市场均高度重视排放数据质量及其管理。例如，欧盟对企业排放数据的核算、报告、核查进行立法，并配套数十个指南和导则，对第三方核查机构和核查人员实行严格的事前、事中和事后管理。四是实施专职、精细化管理。国外碳市场均建立了专门的管理机构。如欧盟气候行动总司（副部级）下设"欧盟和国际碳市场司"，下设 3 个处室，约有 70 人，并组织欧盟环境署管理相关具体事务。德国设立了排放贸易局（约 160 名职员），负责欧盟碳交易体系在境内的实施和管理。五是主要通过配额管理引导碳价。碳价通过市场交易形成，出现价格波动是正常情况，国际通行做法是不直接干预交易价格，主要通过调整下一个履约期配额总量、改进配额分配方法等政策措施引导市场预期，形成合理碳价。六是建立碳市场风险管理机制。欧盟碳市场曾出现过登记簿中配额被盗用出售获得不法收入的事件，之后欧盟加强了登记簿的安全管理，未再发生类似事件（易兰等，2017）。

第三节　我国碳排放权交易市场发展历程

一　我国地方试点碳市场建设情况

2011 年，国家发展改革委在北京、天津、上海、重庆、湖北、广东和深圳开展碳排放权交易试点工作，为建设全国统一碳市场积累实践经验。2013 年 6 月，深圳在全国率先启动碳市场试点工作。目前各试点碳市场已建立了相对完备的制度体系，有效促进了企业温室气体减排，提升了社会各界的低碳意识。

一是出台碳交易地方法规或规章。试点省市分别出台了地方性碳排放权交易法规、政府规章，其中深圳和北京出台的为法律层级和效力相对较高的地方性法规。

二是逐渐扩大覆盖范围。与启动时相比，北京试点碳市场降低了控排企业纳入门槛，新纳入了交通运输业；广东试点碳市场新增了造纸、航空等行业。

三是不断加强碳排放数据质量管理。针对排放数据管理工作中出现的问题，各试点碳市场主管部门不断提高碳排放核算、报告和核查技术规范的科学性和易用性，加强对核查机构的监督指导，如开展核查专项督察（北京）、核查机构考核评估（广东、湖北）等。

四是探索优化配额分配方法。7 省市试点碳市场每年配额总量约为 13 亿 tCO2e。近年来，各试点碳市场均在逐渐收紧配额总量，逐渐采用更严格的基准值法替代历史法分配配额，调整碳市场配额供需，确保碳市场减排的有效性。广东、湖北、上海、天津试点碳市场探索配额有偿竞买。

五是重视履约管理。各试点碳市场高度重视控排企业履约管理，并采用罚款、扣减配额、纳入征信管理、公布黑名单等多种方式处罚不履约重点排放单位。2015 年以来，各试点碳市场履约率均在 99% 以上，2017 年各试点碳市场最终履约率均为 100%。

目前，试点碳市场还存在以下几方面不足。一是制度约束不足。在试点省市中，仅北京和深圳由其人大常委会出台了相关决定或规定，其他试点省市仅出台政府规章，对控排单位以及第三方核查机构的约束力不足。二是由于部分试点碳市场配额分配偏宽松，违约成本低，市场成交低迷，价格偏低，难以激励企业实施减排行动。三是在财政部有关会计准则出台前，部分国企参与交易的收益难以入账，存在惜售的情况，部分试点碳市场还受到一定程度的投机炒作影响，价格波动较大。

二 全国碳市场建设情况

在试点碳市场和国际碳市场经验基础上，我国积极稳妥推动全国碳市场建设。2017 年 12 月，国家发展改革委印发了《全国碳排放权交易市场建设方案（发电行业）》，明确以发电行业为突破口率先启动全国碳排放交易体系，并确定了全国碳市场建设的总体思路，即坚持将碳市场作为控制温室气体排放政策工具的工作定位，以发电行业为突破口率先启动全国碳排放交易体系，培育市场主体，完善市场监管，逐步扩大市场覆盖范围，丰富交易品种和交易方式。逐步建立起归属清晰、保护严格、流转顺畅、监管有效、公开透明、具有国际影响力的碳市场。全国碳市场配额总量适度从紧、价格合理适中，有效激发企业减排潜力，推动企业转型升级，实现控制温室气体排放目标。

全国碳市场顶层设计原则方面，按照《全国碳排放权交易市场建设方案（发电行业）》，坚持先易后难、循序渐进，坚持统筹协调、广泛参与，坚持统一标准、公平公开的总体原则推进全国碳市场建设。此外，还充分考虑了以下五个方面：一是将碳市场设计的一般理论同我国的实际相结合，立足于我国经济发展阶段、减排承诺、排放结构、市场化条件等国情；二是统筹当前与长远、公平与效率间的关系，分阶段不断完善，考虑行业间、行业内、区域间的公平与效率；三是坚持全国碳市场建设与宏观经济政策相一致，推动实现碳达峰碳中和，推动高质量发展，构建新发展格局；四是统筹全国碳市场与电力市场化改革进程间的关系，考虑电力市场化条件不充分的情况，考虑间接排放；五是统筹全国碳市场建设与地方试点和国际碳市场发展的关系，借鉴先进经验，积极交流合作，保持设计的灵活性。

全国碳市场制度要素主要包括：一是法律法规体系，包括出台碳市场相关法律，以及相应的部门规章、规范性文件和技术规范等，为碳市场的建设和运行监管奠定法律法规基础、提供依据；二是基础制度体系，即碳排放数据管理制度体系（包括碳排放数据核算、报告和核查制度）、配额分配和管理制度体系、交易监管制度体系等；三是基础设施体系，包括排放数据报送系统、注册登记系统、交易系统等碳市场运行所必需的支撑系统；四是长效能力建设机制，包括针对地方主管部门、重点排放单位、技术服务机构等相关方常态化开展能力建设活动。

总体而言，全国碳市场体系框架明确了各环节和参与主体、监管主体及其责任，实现了对整个碳市场流程各个环节的全覆盖，形成了闭环，保障了市场运行和精细化监管，维护了整个市场的秩序和公平。选择将发电行业作为首个纳入全国碳市场的行业，一方面是考虑到我国温室气体排放的行业特点、能源市场化特点、经济发展阶段特点和行业发展的差异性；另一方面是因为发电行业排放总量大（约占全国碳排放总量的40%）、数据质量好、产品单一、配额分配方法相对成熟、管理水平高且主要发电集团具有一定的碳交易经验。

三 温室气体自愿减排交易市场建设情况

1997 年《京都议定书》确立了清洁发展机制（CDM），发达国家可通过购买来自发展中国家的风电、水电、太阳能、碳汇等清洁项目产生减排量完成自身减排义务。我国对境内 CDM 项目实施行政许可管理，该机制实施以来，我国成为全球 CDM 项目开发数量最多的国家，产生的减排量占全球 53.4%。2012 年，欧盟出台法令限制购买来自中国的减排量，我国 CDM 项目的成交量和成交价格大幅下滑，2017 年起已无新的项目申请。

考虑到 CDM 对清洁能源等项目支持效果明显，且市场经过几年培育已形成一定规模的产业，国家发展改革委决定参照 CDM 建立我国自己的核证自愿减排量（CCER）机制。CCER 有关制度框架、减排量认定流程、项目类型划分和有关技术要求均以 CDM 为基础，管理模式和监管方式根据我国实际情况确定，但减排量买方由发达国家变为我国境内企业。

国家发展改革委于 2012 年印发《温室气体自愿减排交易管理暂行办法》，支持将我国境内可再生能源、林业碳汇、甲烷利用等温室气体减排效果明显、生态环境效益突出的项目开发为温室气体减排项目，项目产生的减排量通过一定的程序和方法学进行量化，并可向国内碳排放权交易试点市场出售。

《温室气体自愿减排交易管理暂行办法》对减排方法学、项目、减排量、审定与核证机构、交易机构等 5 个事项实施"审批式"备案管理。记录减排量产生、流转、注销全过程的注册登记系统由主管部门建立并运维。具体程序为，主管部门在受理上述 5 个事项备案申请材料后，组织专家对申请事项进行技术评审，评审合格后召开项目审核理事会（成员单位包括国家发展改革委、科技部、外交部、财政部、环境保护部、农业部、中国气象局等 7 部门）进行审核，审核通过的项目由国家主管部门出具备案函。2016 年 4 月，项目审核理事会审核环节取消，仅保留专家技术评审环节。

2017 年 3 月，国家发展改革委发布公告暂缓受理 CCER 备案事项，但已备案的 CCER 减排量继续交易和参与试点履约工作不受影响，同时承诺 729 个已接收但未办理的申请备案事项在恢复受理后优先受理。暂缓受理的主要原因是采用了"审批式"备案管理方式，同时管理事项过于微观具体不符合国家发展改革委定位。

第四节 全国碳排放权交易市场建设进展与面临的挑战

一 初步形成了由部门规章、规范性文件、技术规范组成的法规标准体系

2020 年 12 月，生态环境部印发了《碳排放权交易管理办法（试行）》和《2019—2020 年全国碳排放权交易配额总量设定与分配实施方案（发电行业）》，启动全国碳市场第一个履约周期。2021 年，又陆续出台企业温室气体排放数据核算方法与报告指南（发电设施）、核查指南，碳排放权登记、交易、结算等相关配套规则，初步构建起"部门规章+规范性文件/技术规范"的全国碳市场法规标准体系，规范市

场运行和管理的各重点环节。此外，根据全国碳市场建设的需要，会同市场监管总局及有关支撑单位，研究修订相关行业温室气体排放核算与报告国家标准。

生态环境部不断建立完善全国碳市场法律法规体系，和司法部保持密切沟通，持续推进《碳排放权交易管理暂行条例》（简称《条例》）立法进程，旨在通过较高层级的立法确保碳市场在法治轨道上运行。目前，《条例》已完成立法审查程序，由司法部上报国务院进行审议。

二　持续强化全国碳市场数据管理工作

初步建立了数据核算、报送和核查制度体系，建设完成了碳排放数据报送系统用于重点排放单位数据报送和校验，并充分发挥地方生态环境队伍的优势开展核查工作。自 2013 年以来，持续开展重点排放单位碳排放数据核算、报告和核查工作，初步构建了 2013~2020 年电力、钢铁、有色金属、建材、石化、化工、造纸和民航等行业 7000 余家企业的碳排放核算数据库。与此同时，结合全国碳市场数据管理和配额分配的要求，不断完善企业温室气体排放数据核算方法与报告指南及数据补充填报表，制定出台了《企业温室气体排放核算方法与报告指南 发电设施（2021 年修订版）》《企业温室气体排放报告核查指南（试行）》，进一步规范管理碳排放数据核算、报告和核查。

有序推进数据质量管理。生态环境部高度重视全国碳市场数据质量管理制度建设，不断强化数据质量管理。依据《碳排放权交易管理办法（试行）》，省级生态环境主管部门以"双随机、一公开"方式开展碳排放数据质量监管。2021 年 5~6 月，组织开展了重点排放单位碳排放核查工作调研和监督帮扶，提升碳排放数据质量管理能力。10月印发《关于做好全国碳排放权交易市场数据质量监督管理相关工作的通知》，组织地方开展数据质量自查，推动建立全国碳市场数据质量管理长效机制。2021年底，在全国范围内开展发电行业重点排放单位温室气体排放报告专项监督执法工作，严管、严查、严办碳排放数据管理违法违规现象，强化日常监管，夯实工作基础。共计排查了401家重点控排企业和35家技术服务机构，初步查实一批突出问题，曝光一批典型问题案例，移交一批问题线索。

三　出台可行、公平、科学的配额分配方案

在总结欧盟等国外主要碳市场以及国内试点经验基础上，对首批纳入全国碳市场的发电行业，按照统一的行业基准法免费分配配额。这种配额分配方案与我国现行碳排放强度管理制度相衔接，能够较好地处理碳减排与经济发展的关系。其主要特点有如下几个：一是基于重点排放单位实际产出量，对标行业先进碳排放水平，为重点排放单位四类不同的机组设定不同的碳排放基准线并分配配额，起到鼓励先进、淘汰落后的作用，通过淘汰高碳排放产能而不是限制机组生产实现碳减排；二是发电行业配额分配方案由生态环境部会同行业主管部门组织制定，各省级生态环境部门严格按照统一的配额分配方法为本区域重点排放单位分配配额；三是对重点排放单位先预分配配额，然后根据核查结果核定并分配最终配额，配额分配"多退少补"，预分配配额有助于重点排放单位管理碳排放预算，促进重点排放单位尽早开展碳交易；四是设定了"配额清缴履约缺口20%上限"和"燃气机组按配额分配量清缴履约"

政策，减轻配额缺口较大的重点排放单位的配额清缴履约负担，鼓励推广使用先进燃气发电技术；五是允许重点排放单位使用国家核证自愿减排量抵销碳排放配额的清缴，抵销比例不得超过应清缴碳排放配额的5%，进一步减轻重点排放单位履约的经济负担。

四　持续完善全国碳市场要素体系

全国碳市场已初步形成了较为稳妥完善的要素体系，在此基础上，将持续完善相关市场要素。一是《条例》出台后，在目前的生态环境部监管基础上进一步形成多部门联合监管体系；二是在发电行业碳市场健康运行的基础上，逐步将市场覆盖范围扩大到更多的高排放行业的重点排放单位；三是目前市场启动初期只在重点排放单位之间开展配额现货交易，交易方式包括协议转让、单向竞价等，未来将根据需要进一步丰富交易品种和交易方式；四是已完成全国碳市场注册登记系统、交易系统的建设工作，将进一步推动相关机构组建工作，实现全国碳市场的平稳有效运行和健康持续发展。

五　基本完成全国碳市场基础设施建设

在基础设施建设方面，已建成数据报送系统、注册登记系统、交易系统，有力地保障了全国碳市场顺利运行。

数据报送系统建设与运行情况。依托全国环境信息平台，组织建设了重点排放单位温室气体排放数据报送系统，实现了全国电力、钢铁、有色金属、石化、化工、建材、造纸、民航等行业7000余家重点排放单位在线编制数据质量控制计划、报送温室气体排放报告和补充数据表等，提升碳排放数据报送管理效率，支持地方各级生态环境主管部门在线组织完成碳排放数据核查与监管，支持开展碳排放数据质量管理。

注册登记系统和交易系统的建设与运行情况。根据 2017 年国家发展改革委与九省市人民政府签署的合作原则协议，湖北省和上海市分别牵头承担注册登记系统、交易系统建设和运维任务。经过前期开发和多轮次测试工作，2021 年 7 月，注册登记系统和交易系统顺利上线运行。注册登记系统为各级生态环境主管部门和重点排放单位提供专业、高效的登记、交易、结算服务。交易系统已实现交易开户、交易委托、成交处理、行情展示、风险控制、交易监控等各类功能，并提供专门的交易监控端和监管客户端，实现各环节全方位的监管。自上线以来，两系统实现了安全、稳定、无中断运行，有效支撑了全国碳市场的平稳运行。

六　全国碳市场第一个履约周期运行情况

全国碳市场第一个履约周期纳入发电行业重点排放单位 2162 家，2021 年 7 月 16 日启动上线交易至 12 月 31 日第一个履约周期结束，全国碳市场累计运行 114 个交易日，超过半数重点排放单位参与了交易且每个交易日均有交易，全国碳市场整体运行平稳，价格波动合理，符合碳市场作为减排政策工具的预期，高比例完成配额清缴履约，顺利收官。2021 年 7 月 16 日启动当天的成交量为 410.4 万 tCO2e，成交额为 2.1 亿元。[1] 截至 2023 年 4 月 28 日，全国碳市场配额累计成交量为

---

[1] 《成交额 2.1 亿元！全国碳市场上线首日开门红》，2021 年 7 月 16 日，http：//www.xinhuanet.com/fortune/2021-07/16/c_1127663437.htm。

2. 34 亿 tCO2e，累计成交额 107. 18 亿元，交易价格为 40~60 元/tCO2e。[①]
总体上看，全国碳市场运行平稳有序，交易价格稳中有升，交易量能够
满足企业的履约需求，促进企业减排温室气体和加快绿色低碳转型的作
用初步显现，符合全国碳市场基本定位。

通过一段时间的建设运行，全国碳市场的制度体系得以初步建立，
支撑系统通过市场检验，形成了良好的制度基础和支撑保障。重点排放
单位的减排意识和能力得到有效提高，地方生态环境主管部门的管理能
力得到加强。中国碳市场受到国内外高度关注，形成了良好舆论氛围。
国际社会积极评价中国碳排放权交易市场启动上线交易。

七　稳步推进全国温室气体自愿减排交易市场建设

按照简政放权、放管结合、优化服务的管理思路，修订出台《温
室气体自愿减排交易管理暂行办法》，确立自愿减排交易市场的基本管
理制度和参与方权责。研究制定指导项目业主进行温室气体自愿减排交
易项目开发的指南、第三方审定与核查机构从业的规则、温室气体自愿
减排注册登记业务规则、温室气体自愿减排交易规则等。

研究制定方法学评价标准，组织对已备案的 200 个方法学的使用情
况进行评估，科学确定自愿减排项目类型。对使用较多且符合相关行业
发展政策导向的方法学，推动尽快转化为标准或技术规范，对行业特征
明显的方法学会同有关行业主管部门联合发布；同时，进一步组织研究

---

① 《全国碳市场每日成交数据 20230428》，2023 年 4 月 28 日，https：//www.
cneeex. com/c/2023-04-28/493983. shtml。

新的方法学，进行相关论证和评估。以技术规范形式完成第一批方法学发布，发布社会期待高、技术争议小、有高度共识、社会和生态效益兼具的项目方法学，包括林业碳汇、可再生能源、甲烷利用等领域的方法学。

就第三方审定与核查机构资质管理方式制定协调工作方案，进一步就第三方审定与核查机构准入条件、准入机构数量、日常监管方式、处罚方式等进行协商，通过制定《温室气体自愿减排交易管理办法（试行）》《审定与核查规则》等，合理划分各监管部门权责，确保对第三方审定与核查机构的管理权限。

综合考虑方法学支持领域、各方接受程度、法律风险等因素，重点鼓励新的减排行为，按照"新人新办法，老人老办法"的基本原则，研究提出对已备案的 1315 个项目、12 家第三方审定与核证机构的处理方案。在国务院同意对自愿减排交易采用集中统一交易方式的基础上，会同北京市研究提出对其他 8 家交易机构的后续处理方案。

八 全国碳市场建设面临的问题与挑战

一是亟待加快碳交易立法进程。尽管已经初步建立了制度体系，但全国碳市场亟须更高层面的立法，以强有力的法规进一步明确相关方权责，提高处罚力度。二是亟待强化数据质量管理。数据管理制度体系和技术规范体系有待进一步完善，对相关行为的严管、严查、严罚仍有待加强。三是亟待优化配额分配方案，需要进一步优化配额分配基准线，在未来适时引入有偿分配，逐步探索实施碳市场总量控制。四是监管机制有待进一步健全。仍待建立完善部际联合监管机制，完善相关支撑系统监管功能。五是亟待加强人员队伍和能力建设。全国碳市场建设是一项长期工作，任务重、专业性强，当前全国碳市场管理人员队伍难以满足制定相关政策和进行市场管理的需要。六是交易不活跃，初显惜售现象，需通过释放稳定的政策信号、提高交易主体碳资产管理能力等，积极引导交易主体开展交易活动。

此外，欧盟近年来持续完善碳边境调节机制（CBAM），尝试通过单边措施，对欧盟进口产品征收碳关税，以达到让生产国实质性承担减排义务的目的。欧盟通过碳边境调节机制，一是在产业层面保护本国产业发展。欧盟相对低碳化的能源供应结构、在世界低碳生产中的优势地位、碳排放权交易体系所构建的成熟绿色金融体系，以及在全球绿色知识创造和积累中的领先地位，没有在贸易领域转变为竞争力，甚至在与具有传统比较优势的崛起国家的贸易中失去了竞争力，因此，欧盟需要将绿色低碳优势在贸易领域"变现"，同时打压高碳国家成本优势。二是在全球气候治理层面凸显在气候变化领域的领导者地位。通过设置新议题，不管 CBAM 最终是否会因为各方立场严重对立而难以执行，都可以促进各方重回谈判桌，就减排力度、路径等在新的认知基础上继续磋商，达成新一轮减排共识。三是在国际关系层面打造"气候俱乐部"。联合其他具有低碳优势的国家形成低碳同盟，通过绿色贸易渠道削弱发展中国家崛起势头。四是在资金方面弥补转型所需资金缺口，据欧盟估算，为实现 55% 目标，每年需额外投入 2600 亿欧元。

欧盟等发达国家推动的碳边境调节机制是不符合《联合国气候变化框架公约》下的"共同但有区别的责任"原则的单边举措，是通过"长臂管辖"外国企业，试图打乱他国减排时间表、路线图的政治举措，对我国碳市场建设产生了影响，不利于国际社会互信和经济发展。应对气候变化需要稳定、高质量的经济发展作支撑，单方面设置"碳壁垒"将打击各方应对气候变化的积极性，不利于集体努力应对气候变化。多边主义是解决全球性问题的唯一出路，面对全球气候变化挑战，要坚持"共同但有区别的责任"原则，充分尊重发展中国家和发达国家的不同历史责任，尊重客观存在的不同国情和能力基础，通过全球合作携手应对气候变化。

第五节　政策建议

一　完善全国碳市场基本制度体系

全国碳市场立法层级不高、惩罚力度不足是市场不健全的重要方面。当前，我国正在积极推动《碳排放权交易管理暂行条例》尽早出台，并将在《条例》框架下，修订完善碳排放权交易、登记、结算等管理办法，制定出台数据管理制度、配额分配与管理制度、交易及监管制度、基础支撑系统/机构及监督管理制度等相关配套管理规章和文件，完善相关技术标准体系，加强市场监管，夯实全国碳市场法律法规基础。

二　逐步扩大行业覆盖范围

（一）扩大覆盖范围的必要性

全国碳市场正处在发展培育的关键期，目前仅纳入发电行业，对其他行业企业控制温室气体排放成效有限。此外，从运行特点来看，全国碳市场仍存在"流动性有限、临近履约期时交易活跃、市场交易随履约周期呈现明显波动"的现象，反映了当前的交易主体以完成配额清缴为主要目的、风险偏好相似且具有很强的行业同一性的特点。因此，碳市场建设要考虑适时扩大行业覆盖范围，以有效发挥市场机制的作用。

（二）扩大覆盖范围的条件及相关考虑

结合国家排放清单的编制工作，生态环境部已经连续多年组织开展全国电力、石化、化工、建材、钢铁、有色金属、造纸、民航等高排放行业的数据核算、报送和核查工作。因此这些高排放行业的数据核算、报送核查工作已有较扎实的基础。为做好扩大全国碳市场覆盖行业范围的基础准备工作，目前已经委托相关的科研单位、行业协会研究提出符合全国碳市场要求的有关行业标准和技术规范建议，并组织开展对上述高耗能高排放行业的调研，对相关行业的碳排放现状、减排潜力、企业数据基础、企业经营成本及竞争力等方面情况进行深入摸底。除了考虑上述因素，还将综合考虑相应配额分配方法、对碳市场减排成效贡献程度、应对碳边境调节税等因素。下一步，将按照成熟一个批准发布一个的原则，加快对相关行业温室气体排放核算与报告国家标准的修订工作，研究制定分行业配额分配方案，在发电行业碳市场健康运行以后，再进一步扩大碳市场覆盖行业范围，充分发挥市场机制在控制温室气体排放、促进绿色低碳技术创新、引导气候投融资等方面的重要作用。

（三）行业排放现状和减排潜力的判断

此外，相关行业研究数据显示，一是对于电力部门，由于近年来越来越多排放量为负的技术得到发展，其边际减排成本将由 2020 年的 67 元/tCO_2e 逐步增加至 2035 年的 464 元/tCO_2e，减排潜力则可达到 5.4 亿 tCO_2e（刘惠等，2021）；二是对于工业部门，目前钢铁行业的平均减排成本为 232 元/tCO_2e，2030 年我国钢铁行业总减排潜力为 2.2 亿 tCO_2e，各项技术累计减排潜力为 4.4 亿 tCO_2e，水泥行业 2020 年行业平均减排成本为 124 元/tCO_2e，2035 年水泥行业的总减排潜力为 2.1 亿 tCO_2e（朱淑瑛等，2021）；三是建筑部门在 2035 年的单位减排成本约为 600 元/tCO_2e，2030 年和 2035 年的减排潜力分别为 4.74 亿 tCO_2e 和 4.68 亿 tCO_2e；四是交通部门到 2030 年，技术进步情境下的减排潜力为 8.20%，结构优化情境下的减排潜力为 7.08%，低碳情景下的减排潜力为 14.45%（王靖添等，2021）。

（四）高排放行业纳入碳市场顺序的考虑

在已开展了多年碳排放核算核查工作的高排放行业中，有色金属、水泥、钢铁、石化和化工等行业的排放量较大。同时，生态环境部环境规划院相关研究测算结果显示，2021~2030 年，工业部门的单位碳减排成本远小于电力、交通和建筑部门，其中占有色金属行业排放 80% 左右的铝冶炼行业是减排成本最低（624 元/tCO_2e）的行业。而相比有色金属和水泥行业，钢铁、石化和化工行业则工艺流程复杂、产品种类繁多，需进一步研究相关配额分配方法以保障其科学性和公平性。此外，欧盟理事会定于 2026 年正式向电力、水泥、化肥、钢铁和铝五个行业征收碳边境调节税。因此，综合排放数据基础、行业排放量、减排潜力、配额分配、应对碳边境调节税等因素，应尽早稳妥有序纳入有色金属、水泥、钢铁、石化和化工等行业，促进上述行业碳减排合理价格发现以及上述行业出口产品隐含碳价值发现，推进全国碳市场建设的同时博弈欧美碳关税，提升我国相关行业竞争力。

三　增加交易主体

（一）增加交易主体的必要性

目前，全国碳市场交易主体仅为发电行业重点排放单位，交易目的往往以完成配额清缴履约为主，重点排放单位参与碳交易的积极性不高，可能会导致全国碳市场交易活跃度低、交易价格不能反映重点排放单位真实减排成本，甚至可能会出现配额惜售、长期连续出现"零交易日"等市场风险。全国碳市场交易主体的多元化将在碳交易过程中发挥重要作用：一是有助于改善配额流动性，提高碳市场交易活跃度；二是有助于促进各交易主体开展交易，盘活企业配额资产，发现合理的碳排放（配额）价格；三是有助于推动碳市场建立完善的制度体系，尤其是建立完善的监管制度，防范市场风险，促进全国碳市场发挥控制碳排放作用。

（二）交易主体的类型

根据试点经验，碳市场交易主体除了管控企业，还有金融机构、碳资产管理公司等机构投资者，部分试点碳市场还允许个人投资者参与碳交易。目前参与试点碳市场交易的机构有400余家，比较活跃的机构有40余家；在7个试点省市交易所开户的个人投资者约11000人，但实际交易人数很少。考虑到碳市场专业性较强，优先考虑纳入机构投资者，同时有序开展引入除重点排放单位以外的其他非履约交易主体相关研究工作，研判参与全国碳市场的非履约交易主体应具备的条件，并考虑据条件分批允许机构、个人投资者入市，削减大量非履约主体同时入市引发市场风险的可能性。

（三）增加交易主体可能导致的风险

非履约主体是以盈利为目的参与碳交易，且碳市场交易活跃度、配额流动性的显著提升也会对全国碳市场制度体系和支撑系统建设提出更高的要求。而目前全国碳市场尚未建立有效的联合监管机制、市场调节机制、信息披露制度等，并且交易系统和注册登记系统联合监管能力有限，增加交易主体一是可能会引发市场风险，导致市场失灵；二是可能会造成碳价剧烈波动，特别是导致配额清缴履约期前碳价上涨，增加重点排放单位配额清缴履约经济成本；三是可能会出现关联交易、价格操纵等市场过度投机行为以及洗钱等违法犯罪活动；四是可能会引发舆论风险。

（四）增加交易主体的时机

增加非履约交易主体应建立在相关法律法规和制度体系完善、相关投资者对于碳市场的认知更加全面的基础上。待《条例》和相关配套制度出台后，在《条例》框架下，通过研究建立全国碳市场部委联合监管机制，与中国人民银行、国家市场监督管理总局等相关部门开展联合研究，探索机构和个人参与碳交易的监管机制，在确保对非履约主体参与碳交易实施有效监管的情况下，适时允许非履约主体参与全国碳市场交易。

总体而言，全国碳市场应就增加交易主体做好政策法规准备。一是尽快推动《条例》出台，由交易机构出台"投资者适当性制度实施办法"等配套规章；二是建立健全全国碳市场部委联合监管机制；三是建立完善市场调节机制和风险管理机制；四是建立完善交易机构和注册登记机构联合监管机制，如交易机构与注册登记机构联合对交易配额和资金实施穿透式监管、制定市场风险处置应急预案等，用好交易系统和注册登记系统这两个实施监管、防范市场风险的重要工具，强化两系统对各主体开展碳交易的监管合力；五是健全交易机构和注册登记机构内部管理制度及其监管机制。

四　进一步丰富交易品种

（一）增加交易产品的必要性和所面临的挑战

当前全国碳市场交易产品为碳排放配额现货，试点碳市场已开发了10余种碳金融产品、服务和工具，涉及基金、债券、质押/抵押贷款、融资租赁以及碳配额远期衍生品等多种类型。从试点经验来看，多元的碳市场交易品种，一是有利于提高碳市场活跃度，促进合理价格发现，强化碳市场的有效性；二是有利于重点排放单位通过资产管理有效规避交易价格波动风险；三是有利于提升碳市场的公平性以及环境效益、经济效益。在此基础上，有助于鼓励、推动企业根据碳价所反映的市场边际减排成本调整自身生产经营决策，进而引导资金、人才、技术等各类要素资源投入碳排放控制、低碳技术创新和绿色低碳发展领域，尤其有助于解决绿色低碳转型的巨大资金需求问题，进而降低全市场减排成本。

同时，增加交易产品、发展碳金融还面临制度体系和市场化发展的挑战，具体包括碳金融配套法律法规不完善、针对碳金融的联合监管机制尚未建立、碳排放权交易市场化程度不高，以及碳排放统计制度、碳金融标准、信息披露制度等尚不完善，因此还有待进一步完善相关的制度体系。

（二）健康有序发展碳金融

健康有序发展全国碳市场、碳金融，必须在全国碳市场制度体系和市场化水平满足条件时、在有效防范金融风险的前提下，统筹二者顶层设计和建设，这样才能更好地发挥碳金融推动绿色低碳转型的作用。一是应坚持全国碳市场和碳金融服务碳达峰碳中和目标，明确全国碳市场是碳排放控制政策工具的定位；二是建立完善碳金融的法律法规基础，推动尽快出台《条例》，保持碳减排目标和交易政策的相对稳定，明确碳排放权和碳金融等的法律属性；三是做好全国碳市场和碳金融的顶层设计，健康有序、循序渐进发展碳金融；四是提升碳市场活跃度，促进形成合理的碳价发现机制；五是建立完善碳金融标准体系和监管制度，以高质量碳排放数据为基础、以碳减排控制成效为导向，构建碳金融产品服务标准体系，有效防范碳金融风险；六是建立完善碳交易相关配套制度，包括碳交易收入税收、碳会计等相关配套政策体系与制度；七是建立能力建设长效机制，不断提升交易主体参与碳交易和碳金融的能力。

五　稳步推进温室气体自愿减排交易市场建设

自愿减排交易机制是全国碳市场的重要组成部分，也是利用市场机制控制和减少温室气体排放，推动全社会广泛参与减排行动的一项重要制度创新。要在确保项目真实、数据准确的基础上，按照循序渐进原则做好自愿减排顶层制度设计，加快推进温室气体自愿减排交易市场建设工作。此外，当前社会各界对重启自愿减排交易机制热情高涨，为维护全国市场的公平性和统一性，应进一步加强正确引导，保持政策取向与国家步调一致。

六 逐步实现与国际接轨

气候变化问题是国际社会面临的最严峻的挑战之一，实施碳定价是全球应对气候变化的有效途径之一，逐步实现与国际接轨是统筹国际国内两个大局，引领全球气候治理，推动实现碳达峰碳中和目标的重要举措。

（一）形成国际碳定价机制的必要性

2021 年底的 COP26 会议上，各方持续推动《巴黎协定》第六条实施细则谈判，为开展多边、双边碳交易合作提供了框架和基本原则，为形成国际碳交易市场机制奠定了基础。2022 年 5 月，欧洲议会环境、公众健康和食品安全委员（ENVI）通过了碳边境调节机制法案。该法案与欧委会和欧盟理事会的方案相比任务安排更为紧迫，包括将正式实施时间提前 1 年在 2025 年开始实施，新增有机化工、塑料和氢等行业，补充纳入间接排放等。除此之外，我国核证自愿减排量（CCER）被批准可作为国际航空碳抵消与减排机制（CORSIA）的碳信用，我国绿色"一带一路"倡议等是积极应对气候变化、促进国际碳定价机制形成的重要载体。因此，在新的国际碳交易机制、新的碳关税要求、碳定价机制重要载体下，我国应加快全国碳市场建设，在《巴黎协定》框架下推动与国际碳市场接轨。

（二）参与和引领构建《巴黎协定》下的新市场机制

在 2021 年底的 COP26 会议上，各方持续推动《巴黎协定》第六条实施细则谈判，为 2020 年后国际碳排放交易提供了制度安排与实施框架，但未限定合作的方式。由于碳市场在不同国家和地区间衔接是一个较为复杂的问题，需要解决法律、制度、政策、标准、技术等一系列问题，所以我国应继续坚持多边主义，继续坚持《联合国气候变化框架公约》确立的公平、"共同但有区别的责任"和各自能力原则，推动《巴黎协定》全面、平衡、有效实施，以全国碳市场建设为中心推动建立成熟稳定的碳定价模式，提升我国碳定价话语权，实现碳价的国际互认，从而为探索国际碳市场链接模式提供坚实基础。

（三）积极构建绿色"一带一路"区域碳交易市场机制

截至 2021 年底，全球范围内运行的碳定价机制共计 64 种，此外印度、泰国和哈萨克斯坦等部分共建"一带一路"国家，以及部分东南亚国家也计划发展碳交易市场，但目前大多数共建"一带一路"国家的碳交易市场建设尚处于初创阶段。与各国单独采取措施相比，国际开展合作能够显著降低实现全球"2℃"温控目标的成本，因为这使各国在更大范围内配置减排资源成为可能，合理的碳定价激励使低碳项目获得融资，将有助于各国绿色增长计划的实施。

在当前"一带一路"倡议的背景下，基于《巴黎协定》的第六条相关规定，以全国碳市场为抓手，研究我国市场与共建"一带一路"国家碳市场的衔接和合作，探索建立开展双边和多边碳排放交易活动的相关合作机制，一方面深入推动应对气候变化与碳市场建设相关领域的能力建设，协助共建"一带一路"国家尽早引入碳定价机制并促进其减排能力加快提升；另一方面推动区域间资本要素以碳为媒介无障碍流通，同时以点带面加强相关国家和地区之间在金融领域的互联互通，强化经济、能源和环境之间的相互联系，在全球应对气候变化中发挥示范引领作用。

参考文献

崔木花，2015，《中原城市群 9 市城镇化与生态环境耦合协调关系》，《经济地理》第 35 卷第 7 期。

崔煜晨，2019，《10 家惨跌上市企业到底发生了啥?》，《中国环境报》2 月 28 日。

董战峰、毕粉粉、龙凤，2021，《论国家流域水环境经济政策创新的思路与重点方向》，《环境保护》第 49 卷第 7 期。

关阳、李明光，2013，《企业环境行为信用评价管理制度的实践与发展》，《环境经济》第 3 期。

郭林青、韩文亚，2022，《绿水青山就是金山银山》，《人民日报》（海外版）9 月 20 日。

何玲，2022，《"清单管理"助力信用法治建设行稳致远——专家解读〈全国公共信用信息基础目录（2021 年版）〉和〈全国失信惩戒措施基础清单（2021 年版）〉》，《中国信用》第 1 期。

何元春、刘文斌，2019，《城市自来水价格机制现状、问题与改革思考》，《城镇供水》第 5 期。

贺勇、邓剑洋，2022，《协同共进"两翼"齐飞（新时代画卷·奋进十年）》，《人民日报》9 月 12 日。

黄润秋，2021，《坚持"绿水青山就是金山银山"理念 促进经济社会发展全面绿色转型》，《学习时报》1 月 15 日。

雷博雯、时波，2020，《绿色信贷对商业银行绩效与流动性风险的影响》，《金融理论与实践》第 3 期。

李茜、胡昊、李名升、张殷俊、宋金平、张建辉、张凤英，2015，《中国生态文明综合评价及环境、经济与社会协调发展研究》，《资源科学》第 37 卷第 7 期。

李雪松、龙湘雪、齐晓旭，2019，《长江经济带城市经济-社会-环境耦合协调发展的动态演化与分析》，《长江流域资源与环境》第 28 卷第 3 期。

梁爱玉，2004，《关于我国城镇污水处理厂建设及运营的思考》，《农村经济》第 S1 期。

刘娥平，2010，《城市污水处理 BOT 项目服务费的确定与调整》，《华南理工大学》（社会科学版）第 12 卷第 1 期。

刘惠、蔡博峰、张立、王真、陈阳、夏楚瑜、杨璐、董金池、宋晓晖，2021，《中国电力行业 CO2 减排技术及成本研究》，《环境工程》第

39 卷第 10 期。

刘坤，2021，《让黄河成为造福人民的幸福河》，《光明日报》10 月 16 日。

刘耀彬、宋学锋，2005，《城市化与生态环境耦合模式及判别》，《地理科学》第 4 期。

吕霞，2022，《绿色发展势头劲——从上半年十大生态产业增加值看我省绿色转型发展》，《甘肃经济日报》8 月 10 日。

马力，2008，《环保总局公布绿色信贷阶段进展》，《新京报》2 月 14 日。

毛磊、吴冰、陈颖、罗艾桦、贺林平、吕绍刚，2021，《"积极作为深入推进粤港澳大湾区建设"（新思想引领新征程·时代答卷）》，《人民日报》10 月 22 日。

牛军，2022，《甘肃奋力推动黄河流域水土保持高质量发展》，《中国水利报》11 月 22 日。

欧阳昌裕，2023，《走中国特色能源电力碳达峰碳中和道路》，《中国能源报》4 月 17 日。

潘寻、赵静、蒋京呈，2020，《中国新能源汽车动力电池回收政策解读及建议》，《世界环境》第 3 期。

乔标、方创琳，2005，《城市化与生态环境协调发展的动态耦合模型及其在干旱区的应用》，《生态学报》第 11 期。

乔杨、武少民、李家鼎，2023，《天津牢固树立"一盘棋"思想，坚持优势互补、互利共赢——推动京津冀协同发展走深走实（推动京津冀协同发展）》，《人民日报》3 月 28 日。

生态环境部环境工程评估中心，2021，《2020 年度钢铁行业环境评估报告》。

石明悦、严俊沣，2018，《构建绿色金融体系助力长江大保护的调查与
　　思考》，《武汉金融》第 12 期。

苏明，2014，《水环境保护投融资政策与示范研究》，北京：中国环境
　　出版社。

孙黄平、黄震方、徐冬冬、施雪莹、刘欢、谭林胶、葛军莲，2017，
　　《泛长三角城市群城镇化与生态环境耦合的空间特征与驱动机制》，
　　《经济地理》第 37 卷第 2 期。

田恬，2022，《雄安新区 2021 年收获优良天数 240 天守护蓝天白云 筑
　　牢生态底色》，《河北日报》3 月 29 日。

王成杰、胡兵、曾贞，2013，《钢铁工业发展循环经济的税收政策浅
　　析》，《科技与企业》第 12 期。

王浩，2022，《推动长江经济带高质量发展（新时代画卷·江河奔腾看
　　中国）》，《人民日报》10 月 1 日。

王洪臣，2019，《关注城镇污水处理厂运营困境，共同探寻破解之道》，
　　《给水排水》第 55 卷第 9 期。

王华、Linda Greer、蔺梓馨，2008，《环境信息公开的实践及启示》，
　　《世界环境》第 5 期。

王靖添、闫琰、黄全胜、宋媛媛，2021，《中国交通运输碳减排潜力分
　　析》，《科技管理研究》第 41 卷第 2 期。

王琳琳，2021，《千亿充电桩生意经：平均利用率约 5% 盈利难 2030 年
　　市场规模或增 30 倍》，《新京报》10 月 20 日。

王珊，2022，《推动空气质量持续改善》，《中国环境报》3 月 15 日。

王远、陆根法、罗轶群、万玉秋、陈金龙，2001，《工业污染控制的信息手段：从理论到实践》，《南京大学学报》（自然科学版）第6期。

吴丽玲，2019，《污水处理成本定价研究》，《价格月刊》第4期。

吴秋余，2022，《我国绿色贷款存量规模居全球第一》，《人民日报》3月8日。

习近平，2018，《在深入推动长江经济带发展座谈会上的讲话》，《人民日报》6月14日。

习近平，2020，《在深圳经济特区建立40周年庆祝大会上的讲话（2020年10月14日）》，《人民日报》10月15日。

习近平，2022，《高举中国特色社会主义伟大旗帜 为全面建设社会主义现代化国家而团结奋斗——在中国共产党第二十次全国代表大会上的报告（2022年10月16日）》，《人民日报》10月26日。

习近平，2019，《共谋绿色生活，共建美丽家园——在二〇一九年中国北京世界园艺博览会开幕式上的讲话（二〇一九年四月二十八日，北京）》，《人民日报》4月29日。

肖俊涛，2016，《我国新能源汽车产业政策研究》，四川：西南财经大学出版社。

谢卫群、顾春、姚雪青、游仪，2021，《"推动长三角一体化发展不断取得成效"（新思想引领新征程·时代答卷）》，《人民日报》10月23日。

徐向梅，2022，《促进京津冀绿色协同发展》，《经济日报》4月24日。

姚鹏、叶振宇，2019，《中国区域协调发展指数构建及优化路径分析》，《财经问题研究》第9期。

易兰、李朝鹏等，2017，《欧盟碳市场价格走势的情景模拟分析及对中国的启示》，《环境经济研究》第 2 卷第 3 期。

张恒，2016，《直面问题加快环保基础设施建设》，《中国环境报》11 月 4 日。

张盼，2019，《生态优先 以绿色为发展底色——聚焦大湾区建设系列报道之四》，《人民日报》（海外版）4 月 12 日。

张艳国，2018，《"共抓大保护、不搞大开发"思想的深刻内涵及其重大意义》，《光明日报》6 月 14 日。

张瑛，2022，《我区促进"绿水青山"向"金山银山"转化》，《宁夏日报》11 月 18 日。

中国财政年鉴编辑委员会，2021，《中国财政年鉴（2021 年卷）》，北京：中国财政杂志社。

中华人民共和国住房和城乡建设部，2022，《中国城市建设统计年鉴——2021》，北京：中国统计出版社。

周芳、马中、郭清斌，2014，《中国水价政策实证研究——以合肥市为例》，《资源科学》第 36 卷第 5 期。

周勋、畅文驰、李志芳，2019，《吨钢总税负超 200 元/吨，浅析钢铁行业税负情况及相关建议》，《中国冶金报》5 月 20 日。

朱淑瑛、刘惠、董金池、蔡博峰、何捷、杨璐、夏楚瑜、汤玲，2021，《中国水泥行业二氧化碳减排技术及成本研究》，《环境工程》第 39 卷第 10 期。

IPCC, 2021, *Climate Change 2021: The Physical Science Basis*, Cambridge: Cambridge University Press.

IPCC, 2022, *Climate Change 2022: Impacts, Adaptation and Vulnerability*, Cambridge: Cambridge University Press.

IPCC, AR6 Synthesis Report（SYR）, https: //www. ipcc. ch/report/ sixth-assessment-report-cycle/.

图书在版编目（CIP）数据

环境与经济关系研究. 2022~2023 / 韩文亚等著
. -- 北京：社会科学文献出版社，2023.11
（中国生态文明理论与实践研究丛书）
ISBN 978-7-5228-2401-7

Ⅰ.①环⋯　Ⅱ.①韩⋯　Ⅲ.①环境经济学　Ⅳ.
①X196

中国国家版本馆 CIP 数据核字（2023）第 165254 号

·中国生态文明理论与实践研究丛书·
环境与经济关系研究（2022~2023）

著　　者 / 韩文亚　黄德生 等

出 版 人 / 冀祥德
责任编辑 / 胡庆英
文稿编辑 / 赵亚汝
责任印制 / 王京美

出　　版 / 社会科学文献出版社·群学出版分社（010）59367002
　　　　　　地址：北京市北三环中路甲 29 号院华龙大厦　邮编：100029
　　　　　　网址：www.ssap.com.cn
发　　行 / 社会科学文献出版社（010）59367028
印　　装 / 三河市龙林印务有限公司

规　　格 / 开本：787mm×1092mm　1/16
　　　　　　印张：13.25　字数：158 千字
版　　次 / 2023 年 11 月第 1 版　2023 年 11 月第 1 次印刷
书　　号 / ISBN 978-7-5228-2401-7
定　　价 / 89.00 元

读者服务电话：4008918866